KB089027

최준석의 과학 열전 1

물리 열전 상

물리 열전

상

최준석의
과학 열전 1

물리학은
양파 껍질
까기

최준석

사이언스
북스
SCIENCE
BOOKS

33년째 물리적으로 최지근거리에 있는

베프 이미형에게 바칩니다.

이제 사람으로 과학을 배운다

어쩌다 읽게 된 과학책이 나를 여기까지 밀고 왔다. 50대 들어 교양 과학책을 읽기 시작했다. 책들은 재밌었다. 때로 깔깔댔고, 때로 심오함에 감탄했다. 쾌락과 의미를 찾아 계속해서 과학책을 읽었고, 그러다 보니 자연 과학 책이 집 책장을 가득 채우게 됐다. 몇 권이나 있는지 모른다. 1,000권 가까이 있을 것이다.

교양 과학책에는 외국 과학자 이름이 줄줄이 나왔고, 덕분에 노벨상을 받은 사람들 이름은 조금 알게 되었다. 노벨상 연구를 보면 현대 과학의 흐름을 파악하게 된다는 말을 실감했다. 그런데 뭔가 허전함이 있었다. 현대 과학을 만든 인물들을 알아 갈수록 한국 과학자가 궁금했다. 한국 과학자는 누가 있고, 그들은 무엇을 연구하고 있을까? 두 가지 궁금증에 대한 답을 찾아 한국의 물리학자와 천문학자들을 만나러 다녔다.

처음에는 누구를 만나야 할지 몰랐다. 학계 내부를 전혀 몰랐고,

누가 맹활약하는지 알려 주는 지도를 찾을 수 없었다. 문과 출신이기에 자연 과학을 공부한 친구도 거의 없다. 궁한 대로, 대학교 웹사이트를 검색해서 보았다. 이름들이 있으나, 누가 열심히 하고 잘하는지 알 수 없었다. 서울 대학교, 카이스트 교수라고 해서, 모두 잘하는 건 아니니까.

맨 먼저 만난 사람은 인하 대학교 핵물리학자 윤진희 교수다. 지인이 소개해 줬다. 그를 만날 때 나는 이론 물리학과 실험 물리학이 어떻게 다른지도 몰랐다. 윤 교수는 스위스 제네바에 있는 유럽 입자 물리학 연구소(Conseil Européenne pour la Recherche Nucléaire, CERN)의 핵물리학 실험에 참여하고 있었다. CERN의 27킬로미터 길이 지하 터널에는 지구 최대의 입자 가속기인 대형 강입자 충돌기(Large Hadron Collider, LHC)가 있다. 물리학자들은 그곳에서 만들어지는 입자들을 보고 자연의 비밀을 캐고 있다. 윤진희 교수가 제네바까지 가는 이유는 한국에는 그것과 같은 거대 과학(big science) 실험 시설이 없기 때문이다.

두 번째로 만난 물리학자는 서울 과학 기술 대학교 박명훈 교수다. 그 역시 CERN이 있는 스위스 제네바에서 살며 연구한 바 있다. 그는 실험가가 아니고, 입자 물리 이론(현상론)을 한다. 입자 검출기에서 나오는 데이터로 이론을 만들고 연구한다.

나는 만나는 물리학자들에게 학계 내에서 열심히 하는 학자들을 소개해 달라고 했다. 그렇게 취재 리스트를 만들 수 있었고, 명단 속의 인물들에게 전자 우편을 보내기 시작했다. 처음에는 '듣보잡'인 내게 시간을 잘 내주지 않았다. 이 문제는 시간이 지나면서 해결되었다. 과학자를 만나 어떤 글을 썼는지를 보여 주는 자료를 같이 보내자, 상당수는 흔쾌히 인터뷰 요청에 응했다. '이런 글을 쓰는 사람이라면, 시간을 내줄 수 있다.'라고 생각한 게 아닌가 싶다. 이렇게 1년에 걸쳐 50여 명 이상의 물리학자와 천문학자를 만났다.

그들이 들려주는 이야기는 이해하기 쉽지 않았다. 설명을 듣다 보면, 소위 '멘붕'이 오기도 했다. 만나는 시간은 2시간 이상이었다. 질문을 시작하고 시간이 좀 지나면 새로운 정보를 흡수하는 속도가 느려져서 그런지 내 머리가 잘 돌아가지 않았다. 때로 일반인인 내게 자신의 연구를 설명하기 힘들어하는 사람도 있었다. 전문 용어가 아닌, 일상적인 언어로 설명하는 건 그들에게도 익숙한 일이 아니었다. 반면 과학자로 살아온 부분은 쉽고 흥미로웠다.

물리학자를 만나러 서울 말고도 대전과 포항을 많이 찾았다. 가장 긴 시간 만난 사람은 응집 물질 물리학자인 염한웅 포항 공과 대학교 교수 겸 기초 과학 연구원(IBS) 연구단 단장이다. 그를 만난 건 크리스마스 다음 날이었고, 5시간 가까이 질문하고 답을 들었다.

그렇게 다니다 보니, 어느 순간 내가 '한국 과학자를 한국인에게 가장 많이 소개한 기자' 아닌가 하는 생각을 하게 되었다. 어느 기자가 그렇게 한국 과학자에 관심을 두고 그들의 연구와 학자로 살아온 길을 조명해 왔나 싶다.

시간이 지나면서 한국 물리학계와 천문학계의 내부 사정도, 한국 물리학계와 천문학계의 국제적인 위상도 이해할 수 있었다. 가령 입자 물리학자들은 국립 고에너지 물리 연구소 설립을 간절히 바라고

이제 사람으로 과학을 배운다

있다. 한국은 비슷한 경제 수준의 나라 중에서 고에너지 물리 연구소가 없는 거의 유일한 국가라고 물리학자들은 입을 모은다. 물리학자와 천문학자 100명은 "한국 중성미자 관측소(Korean Neutrino Observatory, KNO)를 만들어 달라."라고도 요구하고 있다. 천문학자들은 후발 주자인 한국이 천문학 분야에서 세계적인 수준으로 올라갈 수 있는 한 방법이 '한국 중성미자 관측소' 건립이라고 말한다. 한국 천문학자들은 열심히 하고 있으나, 연구자 수가 부족하고 장비도 없다. 일본과 비교하면 인구 대비 천문학자 비율이 훨씬 낮다. 장비를 보면 선진국은 지상에서는 거대 망원경 프로젝트를 주도하고, 우주에는 우주 망원경을 띄워 과학적인 질문에 답하려 한다. 한국은 그런 게 미미하다. 천문학 분야 투자가 작기 때문이다.

이 책에는 그런 한국 물리학자들과 천문학자들이 갈증을 느끼는 이야기가 나와 있다. 과학자들의 요구에 한국 사회가 귀를 닫고 있는 한, 노벨 물리학상을 기대할 수는 없을 것이다.

부끄럽게도 내 이름을 단 시리즈, 「최준석의 과학 열전」의 첫 번째 책인 『물리 열전 상』은 21세기 초 물리학의 큰 흐름을 보여 주며, 한국 물리학자는 지금 무엇을 하고 있는지 잘 전달한다고 생각한다. 책의 앞쪽에는 암흑 물질 연구자가 등장한다. 암흑 물질은 중성미자와 함께 세계 입자 물리학-천체 입자 물리학계의 큰 화두다. 각국의 물리학자는 바다 속으로 들어가고, 금광 지하 터널로 내려가고, 남극 얼음을 깨고 들어갔다. 자연이 보여 줄 은밀한 신호를 보기 위해서다. 자연의 비밀을 알아내려는 이들은 구도자처럼 보이기도 한다. 암흑 물질을 찾는 이현수 박사(IBS 지하 실험 연구단)는 수십 년쯤의 기다림은 대수롭지 않다는 식으로 내게 말했다.

시리즈 두 번째 책인『물리 열전 하』에는 광학자들과 물질 물리학자들이 나온다. 광학자가 이야기하는 빛의 물리학은 마술과 같다. 양자 기술을 이용한 양자 컴퓨터와 양자 센싱, 나노 광학자가 다루는 빛은 상상을 초월한다. 이 세계에서 일어나는 일이 아닌 듯하다. 취재를 시작했을 때는 물질 물리학자를 만날 계획이 없었다. 그런데 물질 물리학자가 한국의 물리학자 중에서 가장 큰 그룹이라는 걸 뒤늦게 알았고, 생각을 바꿨다. 응집 물질 물리학자, 반도체 물리학자, 플라스마 물리학자와 생물 물리학자 일부를 만났다. 그들의 이야기 역시 흥미로웠다. 앞으로 기회가 되면 물질 물리학자를 더 만나 보고 싶다. 개정판을 낼 수 있다면 이들 이야기를 더 담을 수 있을 것이다.

세 번째 책인『천문 열전』에는 한국 천문학계를 이끄는 관측 천문학자들과 이론 천문학자들이 나온다. 암흑 에너지는 우주의 운명과 관련해 우리의 관심을 끄는 미지의 에너지로, 우주를 가속 팽창시키는 원인으로 지목됐다. 2011년 노벨 물리학상은 우주 가속 팽창의 증거를 제시한 연구자 3명에게 돌아갔다. 이 사건은 암흑 에너지가 정설로 굳어지는 데 결정적으로 기여했다. 하지만 한국의 천문학자인 이영욱 연세 대학교 교수는 암흑 에너지의 존재에 회의적이다. 그는 "노벨상을 받은 연구자들이 틀렸다."라고 주장하고 있다. 자연 과학계와 관심 있는 일반인의 주목은 끈 이영욱 교수 연구 관련 파문은 모두 이 책에 실린 나의 글에서 시작되었다. 천문학 분야의 주요 연

　　　　　　　　　　　　이제 사람으로 과학을 배운다

구 토픽은 은하의 진화, 블랙홀 연구다. 대학과 한국 천문 연구원의 천문학자가 어떤 이슈를 붙들고 우주의 비밀을 캐기 위해 연구에 매진하고 있는지 알 수 있을 것이다. 그리고 중력파 연구의 현 주소도 이 책에서 확인할 수 있다.

물리학자에 이어 나는 화학자를 40명 이상 만났고, 생명 과학자들도 다수 만났다. 이제 수학자를 만나기 시작했다. 화학자 이야기는 『화학 열전』으로, 생명 과학자 이야기는 『생명 과학 열전』으로 묶어 내려고 한다.

과학자를 만날 수 있었던 것은 《주간조선》 덕분이다. 지면을 준 이동한 발행인과 정장렬 편집장에게 고맙게 생각한다. 연재를 보고 책으로 내 보자고 제안해 준 ㈜사이언스북스 노의성 주간에게 감사의 말을 전한다. 담당 편집자 김효원 씨의 노고도 감사하다.

내가 취재할 물리학자를 찾는 과정에서 도움을 준 몇 분이 있다. 서울 시립 대학교 박인규 교수와 경희 대학교 박용섭 교수, 그리고 고려 대학교 이승준 교수에게 감사드린다. 이들은 물리학계 내부의 큰 그림을 보여 주고, 여러 분야의 리더가 누구인지를 가르쳐 줬다.

2022년 여름을 지내며
최준석

차례

**최준석의 과학 열전 2:
물리 열전 하**
그 슈뢰딩거의 고양이는 아직도 살아 있을까?

**최준석의 과학 열전 3:
천문 열전**
블랙홀과 중성자별이 충돌한다면?

1부

보이지
않는 것을
보려는 사람들

1장　한국 최초 암흑 물질 실험을 만들다

김선기
서울 대학교 물리 천문학부 교수

코로나19 대유행으로 해외 여행이 어렵지만, 김선기 서울 대학교 물리 천문학부 교수는 2020년 8월부터 6개월간 스위스 제네바에서 체류했다. 목적지는 유럽 입자 물리학 연구소(CERN)였다. 이곳에서 예정된 GBAR 실험에 들어가는 장비를 만들어 갔다. GBAR 실험은 'The Gravitational Behavior of Antihydrogen at Rest'의 약자로 정지 상태에 있는 반수소(antihydrogen)가 중력이 있는 환경에서 어떻게 행동하는지를 관찰하는 게 목표다. 김선기 교수는 학생들과 함께 장비를 설치하고 다른 장비와 연결해 잘 가동되는지를 지켜봤다.

김선기 교수를 만나기 위해 서울 대학교 56동 4층으로 찾아갔다. 그가 제네바로 떠나기 직전이었다. GBAR 실험에 들어가는 장비는 어디에 있느냐고 물었다. 장비는 서울 대학교가 아닌 고려 대학교 세종 캠퍼스에 있다고 했다. 고려대 세종 캠퍼스에는 '가속기 과학과'라는 낯선 학과가 있다. 가속기 과학은 중이온 가속기, 의료용 가속기,

방사광 가속기를 연구하는 분야다. 김선기 교수는 "세종 캠퍼스에 필요한 공간이 있어 그곳에서 장치를 만들었다."라고 말했다. 이어서 자신의 컴퓨터 모니터에 이미지를 띄워 장비의 사진을 보여 줬다.

장비에는 스테인리스 스틸 빛깔의 쇠 파이프들이 많이 보였다. 크기는 2.5×2.5미터 정도다. 복잡하게 연결되어 있다. 김선기 교수는 이것을 반양성자(antiproton)를 붙잡아 놓는 장치라고 설명했다. 양성자(proton)의 반물질(antimatter)이 반양성자다. 반물질은 물질과 물리적 성질은 똑같으나 전하만 다르다. 양성자는 플러스(+) 전하를 가지니, 반양성자는 마이너스(-) 전하를 가진다. 고려 대학교 세종 캠퍼스의 김은산 교수와 울산 과학 기술원(UNIST)의 정모세 교수 등 모두 7~8명의 한국 연구자들이 함께 장비를 만들었다.

김선기 교수는 왜 이런 연구를 할까? 그는 한국에서 암흑 물질 실험(KIMS)을 처음 시작한 실험 입자 물리학자로 유명하다. 1988년 고려 대학교에서 박사 학위를 받았고, 1992년 서울 대학교 물리학과 교수로 임용됐다. 서울 대학교 출신이 아닌 사람이 교수가 되었다고 해서 당시 크게 주목받았다. 중앙일보는 1992년 2월 8일자 사회면 톱 기사에서 "서울대, 대학 간 벽 허물었다. 타 대학 출신 교수 입성, 물리과 고대 박사 김선기 씨 채용"이라고 보도했다. 김선기 교수는 당시를 이렇게 설명했다. "학위를 끝내고 일본 쓰쿠바의 국립 고에너지 가속기 연구소(高エネルギ─加速器研究機構, KEK)로 갔다. 그곳에서 AMY 실험에 참여한 뒤 미국으로 갔다. 당시 미국이 텍사스 웍서해치에 초전도 초대형 충돌기(Superconducting Super Collider, SSC)를 짓고 있었다. 나

는 SSC에 사용할 입자 검출기를 개발하는 일을 맡았다. 미국 정부가 한국에게 SSC 참여를 요청하자 한국 정부는 국립대인 서울 대학교에 참여를 지시했다. 서울 대학교는 이에 필요한 사람을 찾았다. 그래서 내가 미국에 있다가 한국에 돌아와 서울 대학교 교수로 일하게 됐다."

한국 정부는 SSC 실험 참여를 위해 위원회를 만들었다. 위원장이 당시 김제완 서울 대학교 교수였다. 위원회는 한국이 참여할 실험과 일을 논의했다. 그런데 1993년 SSC가 갑자기 중단되었다. 미국 의회

1992년 2월 8일 《중앙일보》는 김선기 교수가 서울대에 임용된 것을 크게 보도했다.
중앙일보 홈페이지 화면 갈무리.

1장 한국 최초 암흑 물질 실험을 만들다

가 과도한 비용을 이유로 제동을 걸었고, 빌 클린턴 정부가 이를 받아들인 것이다. 김선기 교수가 서울 대학교에 오고 다음 해에 일어난 일이다.

그는 새로운 물리학 실험을 찾아야 했다. 김선기 교수는 1992년부터 일본 KEK의 벨(Belle) 실험에 참여했다. KEK는 대학원생일 때도 가서 일을 해 본 곳이었다. 1994년부터는 미국 페르미 국립 가속기 연구소가 하는 'DZero' 실험에 참여했다. DZero 실험은 페르미 연구소가 보유한 입자 가속기인 테바트론(Tevatron)에 붙어 있던 입자 검출기를 사용해서 하는 실험이었다.

꾸준히 해외 실험에 참여해 온 그는 1997년 한국에서 독자적인 입자 물리학 실험을 모색했다. 그렇게 탄생한 것이 KIMS 실험이다. 암흑 물질을 찾는 것이 목적이다. KIMS라는 이름은 영어 Korea Invisible Mass Search의 첫 글자 4개를 따서 만들었다. 사람들은 '김 씨들이 하는 실험'이라고 해석했다. 그도 그럴 것이 실험의 주체 3명 (김선기 교수, 김영덕 세종 대학교 교수, 김홍주 경북 대학교 교수)이 모두 김 씨였다. 세 사람이 뭉친 시기는 1997년쯤이었다. 김영덕 교수는 미국 미시간 주립 대학교(이스트 랜싱 소재)에서 학위를 받고 인디애나 대학교를 거쳐 KEK 실험에 참여하고 있었다. 김선기 교수도 KEK 실험에 참여하고 있었기에 두 사람이 알 수 있었다. 김홍주 교수는 김선기 교수의 고려 대학교 물리학과 1년 후배다.

"우리는 30대 후반이었고, 에너지가 넘쳤다. 아이디어도 많았다. 무엇을 할 수 있을까 이야기했다. 한국에서 가속기 실험을 하는 것은 생각도 하지 못할 때였다. 하지만 암흑 물질, 중성미자 검출 실험은 돈이 많이 들지 않아도 할 수 있었다." 이들은 연구비를 확보하기 위해 한국 연구 재단에 제출하는 연구비 제안서를 여러 번 썼다. 노력 끝에 2000년 창의 연구단 사업으로 선정돼 연구비를 받았고, KIMS 실험을 시작했다.

당시 김선기 교수는 일본 KEK 검출기에 들어가는 장비 중 칼로리미터(calorimeter, 열량계) 제작에 참여하고 있었다. 칼로리미터에 들어가는, 약간의 탈륨이 섞인 아이오딘화 세슘(CsI) 결정 20~30개를 얻어 왔다. KEK의 후쿠시마 마사키(福島正己) 교수가 적극적으로 도와줬다. 후쿠시마 교수는 지금은 도쿄 대학교 우주선 연구소 소속이고, 미국 유타 주 사막에서 우주선(cosmic ray) 검출 실험을 하고 있다.

암흑 물질 실험은 지하에서 해야 한다. 배경 잡음을 막고 암흑 물질 신호를 검출할 가능성을 키우기 위해서이다. 1997년 당시 한국에 '하늘(HANUL, High-Energy Astrophysics Neutrino Laboratory)'이라는 중성미자 및 암흑 물질 검출 실험이 있었다. 미국 컬럼비아 대학교의 이원용 교수가 중심이 되어 시작한 실험이었다. 이 실험의 다른 핵심 인물이 었던 경상 대학교 송진섭 교수가 경상남도 산청의 양수 발전소를 '하늘' 실험 장소로 물색한 바 있다. 양수 발전소는 발전소 지하에 공간을 가지고 있다. (하늘 실험은 2000년에 중단되었다. 참가자 간의 내분이 주원인이었다.)

KIMS 실험 연구진은 여기서 힌트를 얻었다. 수도권에서 가까운 양수 발전소를 찾았다. 청평의 양수 발전소가 서울에서 가장 가까웠다. 발전소 측도 협조적이었다. 일본에서 얻어온 아이오딘화 세슘 결

1장 한국 최초 암흑 물질 실험을 만들다

정을 가지고 청평 발전소 지하로 내려갔다. 지하 공간에 차폐재를 설치하고 배경 방사능이 얼마나 되는지를 측정했다. 검출기가 잘 작동하는지 확인하고 장비를 보정(calibration)하기 위해 세슘 137 동위 원소를 가지고 피크(peak)를 봤다. 그래프에는 동위 원소에서 나오는 감마선의 특정한 피크가 보였다. 그럴 리가 없었다. 지하 실험 장소에서 피크가 보이다니. 무엇인가 잘못됐다. 김선기 교수는 누가 소스(source)를 옆에다 놓고 측정했냐며 실험을 한 대학원생들을 야단쳤다.

"다시 측정을 해 봐도 피크가 보였다. 알고 보니 아이오딘화 세슘 결정 안에 있으면 안 되는 불순물이 포함되어 있었다. 세슘의 동위 원소인 세슘 137이 들어가 있었다."

김선기 교수와 KIMS 실험 연구자들이 청평 양수 발전소의 지하 공간에서 기념 사진을 찍었다. 오른쪽 두 번째가 김선기 교수, 오른쪽 다섯 번째가 김영덕 IBS 지하 실험 연구단 단장이다. 김선기 교수 제공 사진.

아이오딘화 세슘 결정 안에 들어 있는 세슘은 세슘 133뿐이라고 생각했다. 청평 양수 발전소 지하로 내려오기 전 실험실에서 아이오딘화 세슘 결정을 갖고 확인했을 때는 세슘 137 신호가 잡히지 않았었다. 그런데 어찌 된 일일까?

따져 보니 지상에서는 다른 잡음 때문에 보이지 않았으나, 배경 잡음이 없는 지하에서 확인해 보니 세슘 137 신호가 보인 것이었다.

세슘 137 동위 원소는 어디에서 온 것일까? 세슘 133은 자연에서 안정적인 물질이나, 세슘 137은 불안정해서 다른 물질로 붕괴하며, 반감기가 30년이다. 그러니 이론적으로 아이오딘화 세슘 결정 안에 세슘 137이 들어 있을 수 없었다. 이유를 따져 봤다. 여러 종류의 물, 아이오딘화 세슘 분말, 결정에 대한 방사능 측정을 한 결과, 아이오딘화 세슘 결정을 만드는 과정에서 들어간 지하수 오염이 원인이라고 판단했다. 제2차 세계 대전 이후 미국과 러시아 등이 지상 핵폭탄 실험을 하면서 세슘 137 동위 원소가 지구 전체로 퍼져 나갔다. 그로 인해 지하수가 세슘 동위 원소에 오염된 것이다.

연구진은 아이오딘화 세슘 결정에서 세슘 137을 걸러낼 방법을 연구했다. 물을 깨끗하게 해야 한다고 생각했다. 결국 독일에 있는 기업을 찾았다. 결정의 재료인 아이오딘화 세슘 분말부터 새로 만들었다. 그렇게 초(超)순수 결정을 개발했다.

청평에서 3~4년 실험하고, 2003년 강원도 양양으로 실험 장소를 옮겼다. 더 깊고 더 넓은 공간이 필요했기 때문이다. 점봉산 아래 양양 양수 발전소 지하 공간에 실험 장비를 설치했다. "양수 발전에 필요한 지하 공간을 만드는 폭파 작업 중, 암반이 생각보다 잘 떨어져 나간 곳이 있었다. 모서리 공간이었는데, 정확히 우리가 필요로 하는 크기였다. 천우신조라고 생각했다."

장비를 개발하고 배경 방사능을 줄이고 순수한 아이오딘화 세슘 결정을 개발하는 데 6년이 지나갔다. 논문을 많이 쓰지 못했다. 한국 연구 재단의 창의 연구는 3년마다 3번 심사를 해 최대 9년간 연구비를 지원받을 수 있다. 심사에서 좋은 평가를 받는 경우 한해서다. KIMS 실험이 6년째 되던 해, 연구 재단의 두 번째 심사에서 탈락했다. 김선기 교수는 이후 어려운 시기를 맞았다.

그럼에도 연구에 대한 열정은 식지 않았다. KIMS 실험은 아이오딘화 세슘 결정 1개로 시작했다. 2007년에는 결정 4개를 사용한 실험 데이터를 분석해 《피지컬 리뷰 레터스(*Physical Review Letters*)》에 논문을 냈다. 당시 서울대 대학원생이던 이현수 박사(현 IBS 지하 실험 연구단 부단장)가 논문의 제1저자다. (2장 참조) 논문 발표는, 창의 연구 과제 중간 심사에서 탈락하고 그다음 해 올린 큰 성과였다. "외국 시설이 아닌 한국에서 국내 연구진이 독자적으로 실험을 계획하고 장치를 개발해 수행한 결과를 미국 물리학회가 발행하는 학술지 《피지컬 리뷰 레터스》에 발표했다는 것은 굉장한 의미가 있다."

연구비가 떨어져 고통을 겪고 있을 때 새로운 연구 지원 프로그램이 생겼다. 이명박 정부가 만든 '세계 수준의 연구 중심 대학 육성 사업(World Class University, WCU)'이다. 김선기 교수는 "논란도 있었던 프로그램이었지만 KIMS 실험에는 큰 도움이 됐다."라고 말했다. WCU 프로그램을 통해, KEK AMY 실험과 벨 실험 대표로 일한 스티브 올슨 (Stephen L. Olsen) 미국 로체스터 대학교 교수를 초빙했다.

그리고 2006년부터는 중성미자 성질을 연구하기 위한 2중 베타 붕괴 검출 실험을 시작했다. 김홍주 경북대 교수가 생각해 낸 이 검출 실험은 독일, 러시아, 우크라이나 등이 참여하는 국제 공동 연구로 발전했다. 지금은 'AMoRE'라는 이름으로 불린다. 2중 베타 붕괴 검출 장비에 필요한 몰리브데넘산칼슘($CaMoO_4$) 결정을 러시아 도움을 받아 개발했고, 저온 실험 장치 개발은 한국 표준 과학 연구원 김용함 박사의 지원을 받았다. 김용함 박사는 IBS 지하 실험 연구단 부단장으로 합류해 AMoRE 실험의 주축이 되었다.

KIMS 실험은 COSINE 실험으로 이름을 바꿨다. 미국 예일 대학교 그룹, 영국 셰필드 대학교가 참여하며 국제 실험으로 확대됐다. KIMS 실험이 배출한 첫 박사인 이현수 부단장이 예일 대학교의 레이나 마루야마(Reina H. Maruyama) 교수와 함께 공동 대표를 맡아 실험을 이끌고 있다.

김선기 교수는 2011년 11월 KIMS 실험에서 손을 뗐다. IBS가 건설하기로 한 중이온 가속기 건설단 단장으로 자리를 옮겼다. 입자 물리학자가 중이온 가속기 책임자가 되는 것을 두고 갑론을박이 많았다. 중이온 가속기는 핵물리학 실험을 위한 장비다. 결국 그는 3년 후인 2014년 서울 대학교로 복귀했다.

50대 중반이었다. 앞으로 무엇을 해야 하나 고민했다. 은퇴까지 10년이 남은 시점이었다. 그는 "연구 의욕을 잃었다. 몸도 좋지 않았다."라고 회상했다. 입자 가속기 실험으로 연구자의 길을 걷기 시작했고, 암흑 물질 실험을 국내에 정착시켰던 그였다. 이제 암흑 물질 실험은, KIMS를 만든 3명 중 한 사람인 김영덕 교수가 잘 이끌고 있다. KIMS 그룹은 IBS에 들어가 지하 실험 연구단이란 이름으로 활약하고 있다. 여기에서 김선기 교수가 할 일은 없었다. IBS 중이온 가속기 건설 단장을 맡아 대학교에서 떠나 있었기에 서울 대학교 실험실도 재건해야 했다.

이때 스티븐 올슨 미국 로체스터 대학교 물리학과 교수가 그에게 소식을 가져왔다. 그가 프랑스 물리학자를 소개했다. 그가 일본 AMY 실험 대변인으로 일할 때, 그곳에서 박사 후 연구원으로 일한 바 있는 프랑스 사람 파트리스 페레즈(Patrice Perez) 박사였다. 김선기 교수는 "내가 AMY 실험에서 박사 학위를 할 때 KEK에서 같이 일했던 동료다. 프랑스 사클레 연구소(IRFU CEA-Saclay Laboratory) 소속인데, CERN의 GBAR 실험 대표가 되었고, 한국에서 공동 연구진을 찾고 있다고 했다. 그래서 만나자고 했다."라고 말했다. 페레즈 박사를 2015년 한국에 왔을 때 만났다.

김선기 교수는 "암흑 물질을 찾지 못할 수도 있다고 가끔 생각한다."라고 말했다. 나는 그 말을 듣고 깜짝 놀랐다. 지난 20년 이상 암흑 물질을 찾아온 실험 물리학자가 그런 말을 할 거라고 예상하지 못했다. "암흑 물질을 찾지 못한다면 무엇이 잘못된 것일까를 생각해 보았다. 중력 때문일 수 있다. 중력을 우리가 잘못 이해하고 있다면 그 때문에 암흑 물질이 있다고 잘못 생각한 것일 수 있다. 물론 암흑 물질이 있다는 게 맞을 것이다. 하지만 실험하는 사람 입장에서 일말의 의문이 있으면 안 된다. 그래서 GBAR 실험에 참여하기로 결심했다." 중력을 제대로 이해하는 방법은 물질의 자유 낙하 가속도를 측정하는 것이다. 그간 수없이 많은 중력 가속도 정밀 측정 실험이 있었다. 그러나 반물질을 가지고 중력 낙하 실험을 한 적은 없다. GBAR 실험을 수소의 반물질인 반수소의 중력 가속도를 측정한다. 기존의 실험 결과와 부합한다면 인류가 중력에 대해 제대로 알고 있다는 것을 다시 확인하는 셈이다.

GBAR 한국 그룹은 두 가지 실험 장비를 만들었다. 반양성자를 모아 놓은 트랩과 입자가 날아가는 궤적을 추적하는 장치인 TOF(time of flight) 검출기다. 김선기 교수는 학생 3명과 함께 제네바로 갔다. 2021년 여름이 되면 CERN의 실험에서 반양성자 빔이 나올 것이라 했다. 그러나 코로나19 대유행으로 CERN도 모두 중단됐다. 일정은 유동적이다. GBAR 실험에는 9개국 그룹이 참여한다.

NEDS $\dfrac{25\,m}{5\,kN}$

col... $\dfrac{20\,m}{50\,kN}$

$\boxed{10eV}$

mass $\sim$ I

2장 윔프 찾아 양양 지하 발전소로 내려가다

이현수

IBS 지하 실험 연구단 부단장

대전 광역시 갑천 변에 있는 IBS로 암흑 물질 실험가를 만나러 가는 길이다. IBS 건물 내부의 미로와 같은 길을 따라가 보니, "암흑 물질 삼거리"라는 글씨가 나타났다. 한 연구실의 유리벽 바깥쪽에 붙은 A4 종이에 씌어져 있었다. 재미있는 아이디어에 웃음이 나왔다. 암흑 물질 삼거리 한쪽 끝에 이현수 IBS 지하 실험 연구단 부단장의 방이 있었다.

이현수 부단장은 이화 여자 대학교 교수로 일하다가 2015년 IBS로 옮겨 왔다. IBS는 순수 기초 과학 연구만을 임무로 내건 한국 최초의 정부 출연 연구소다. 2011년 말에 문을 열었다. 이현수 교수의 이화 여대 물리학과 선배 교수 일부는 그의 선택을 의아해했다. 신생 기관인 IBS가 앞으로 어떻게 될지 모른다며 이직을 우려했다. 하지만 그는 '강의' 부담 없이 연구에 전념할 수 있다고 생각해 IBS를 택했다.

IBS에는 수십 개 연구단이 있다. (2022년 8월 기준 31개 연구단) 지하 실험

IBS 지하 실험 연구단의 한 연구실에 '암흑 물질 삼거리'라는 글씨가 붙어 있다. 복도가 세 갈래로 갈라지는 곳이었다.

연구단은 그중 하나다. 단장은 김영덕 세종 대학교 교수다. 지하 실험 연구단은 암흑 물질을 찾는 COSINE-100 실험과 중성미자 실험인 AMoRE 실험 두 가지를 하고 있다. Advanced Mo-based Rare process Experiment, 즉 몰리브데넘 기반 희귀 반응 실험이라는 뜻의 AMoRE 실험은 중성미자 미방출 2중 베타 붕괴를 탐색한다. (이 실험은 16장 김영덕 단장 편에서도 소개한다.)

이현수 부단장은 COSINE-100 실험을 관장하며 실험의 공동 대표다. 다른 공동 대표는 미국 예일 대학교 물리학과의 레이나 마루야마 교수다. IBS 지하 실험 연구단과 예일 대학교 마루야마 그룹은 2015년에 손잡았다. 두 그룹의 연구자는 모두 50명이 조금 넘는다. 1주일에 3~4회는 온라인 미팅을 하고, 1년에 1~2회는 직접 만난다.

COSINE 실험의 목표는 이탈리아 그란 사소 국립 연구소(Gran Sasso Science Institute)의 DAMA 실험이 내놓은 암흑 물질 검출 관련 연구 결과를 검증하는 것이다. 그란 사소 국립 연구소는 이탈리아 중부의 아펜니노 산맥 지하에서 암흑 물질 검출 실험을 하고 있다.

DAMA는 암흑 물질 후보 입자 중 하나인 웜프(weakly interacting massive particles, WIMP)를 찾았다고 꾸준히 발표해 왔다. 이 실험은 1990년에 시작했으니 30년이 더 됐다. DAMA는 20년 전부터 암흑 물질 신호를 발견했다고 주장한다. 과학 학술지 《네이처(*Nature*)》 등에도 몇 차례 암흑 물질 신호가 있다는 논문이 나오기도 했다.

그런데 문제가 있다. 이현수 부단장은 "다른 실험들이 해 보면 같은 결과가 나오지 않는다. 그래서 전 세계 암흑 물질 커뮤니티의 가장 중요한 이슈가 DAMA 연구 결과에 대한 검증이다."라고 설명했다. 암흑 물질 탐색은 세계적으로는 1980년대 중반부터 시작됐다. 그러나 이탈리아 DAMA 실험을 제외하면 암흑 물질 신호를 발견했다는 곳이 없다. 전 세계에서 많은 실험이 진행되고 있으나 '이 에너지대에는 암흑 물질이 없군, 저 에너지대에도 없군.'과 같은 결과만 내놓았을 뿐이다.

COSINE 실험은 DAMA와 똑같은 아이오딘화 소듐(NaI) 검출기를 사용한다. 아이오딘화 소듐 106킬로그램을 갖고, 세계 최고 성능의 검출기를 개발해 양양 지하 실험실에 설치하고 DAMA 실험처럼 암흑 물질 신호가 나오는지 지켜보고 있다.

이현수 부단장은 2000년부터 암흑 물질 연구를 시작했다. 서울 대학교 물리학과를 졸업하고, 대학원 석·박사 통합 과정 첫해 두 번째 학기가 되었을 때 암흑 물질 연구를 결심했다. 김선기 서울 대학교 교수의 암흑 물질 연구 소개를 듣고 평생의 연구 과제로 정했다. "물리학과 학부를 들어갈 때는 광학을 공부할까 했다. 암흑 물질 이야기는 과학 잡지에서 접하기는 했으나 천문학이라고 생각했다. 입자 물리학 분야가 아니라고 잘못 생각했다."

이현수 부단장은 지난날을 돌아보며 운이 좋았다고 회상했다. "암흑 물질이라는 분야가 있다는 것을 알았던 것도 그랬고, 내가 김선기 교수님 실험실에 들어간 직후에 김 교수님이 마침 프로젝트 연구비를 따낸 것도 나로서는 운이 좋았다. 한국에서 암흑 물질 실험이 막 시작될 때 내가 그 분야에 발을 디뎠다. 그 덕분에 실험 시작부터 초기 결과까지 주도적으로 낼 수 있었다."

김선기 교수 그룹이 암흑 물질 연구 과제를 따내기 위한 사전 연구를 시작한 건 1998년이었다. 경기도 청평의 양수 발전소에 비닐하우스를 치고 연구를 했다. 2~3년간 연구 끝에 연구비를 따냈다. 연구비를 받아 시작한 실험이, COSINE 실험의 전신이 된 KIMS 실험이다. KIMS의 핵심 멤버는 세 사람의 김 씨들이다. 김선기 서울 대학교 교수와 김영덕 IBS 지하 실험 연구 단장과 김홍주 경북 대학교 교수다.

이들은 검출기를 설치할 새로운 지하 공간을 찾아 전국을 뒤졌다. 청평 양수 발전소는 공간이 비좁았기 때문이다. 마침 강원도 양양 발전소가 공사 중이었다. 2003년에 KIMS 연구가 청평에서 양양으로 넘어갔다. 검출기를 지하에 설치하는 이유는 무엇일까?

이현수 부단장은 이렇게 설명했다. "윔프 신호는 매우 미약하다. 잡음이 없는 환경이 필요하다. 가장 큰 잡음은 우주에서 날아오는 우주선이다." 그가 손바닥을 펴 보였다. 그는 "우주에서 날아오는 뮤온 (muon)이란 게 있다. 뮤온은 이 손바닥을 1초당 1개씩 지나간다. 뮤온은 양성자보다 질량은 작지만 운동 에너지가 매우 높다."라며 우주선이 갖는 에너지는 중성자나 양성자 질량 에너지보다 100배 더 높다고 설명했다. 지상에서는 고에너지 우주선을 차폐하기 힘들기 때문에 지하로 들어간다는 것이다.

2003년 양양 발전소 내 환기 터널 공간에 100제곱미터 크기의 사무실을 지었다. 댐 아래 발전소가 있는 곳에서 산 중턱까지 구멍을 뚫고 들어간 공간이다. 그 안에 있는 암흑 물질 검출기는 철 구조물로 둘러싸여 있다. 검출에 방해가 되는 배경 방사능을 막기 위해서다. 흙과 암석에는 우라늄, 토륨, 포타슘이 극미량 포함돼 있다. 주변 물질과 검출기 자체에서도 배경 방사능이 나오기 때문에 차폐를 단단히 해야 한다. 철 구조물 안쪽으로 납 60톤을 쌓았다. 납 안쪽에는 또 구리 800킬로그램이 있다. 그 안쪽에 액체 섬광 물질 2,000리터가 들어 있다. 액체 섬광 물질은 방사능이 들어오면 빛을 낸다. 배경 잡음이 외부에서 들어오는지 아닌지를 구분하기 위해 설치했다. 그리고 그 안에 검출기가 들어 있다.

검출기는 모두 12개다. 검출기마다 크기가 다르다. 검출기를 업그레이드하면서 처음 만든 것과 나중에 추가로 설치한 것의 크기가 달라졌다. 검출기 재질은 아이오딘화 소듐이고 결정 구조다. 윔프가 암흑 물질이라면 결정 안의 소듐이나 아이오딘의 원자핵과 반응할 것이다. 아이오딘화 소듐 결정 자체는 투명하다. 단결정(single crystal)을

2장 윔프 찾아 양양 지하 발전소로 내려가다

잘라서 검출기를 만든다. 그리고 전자 장비를 붙여 암흑 물질이 들어왔다는 것을 알리는 빛 신호를 잡아내게 해 놓았다.

검출기 안에는 일본 회사 하마마쓰 포토닉스(浜松ホトニクス)가 만든 광 증배관(Photomultiplier tube, PMT)이 들어 있다. 검출기가 암흑 물질과 반응하면 30~100개의 광전자가 나올 것으로 예상된다. 광 증배관은 광전자를 증폭시켜 전기 신호로 바꾸는 일을 한다.

처음 KIMS 실험을 시작했을 때는 윔프 검출기 재질로 아이오딘화 소듐이 아닌 아이오딘화 세슘 결정을 사용했다. 김선기 교수가 마침 아이오딘화 세슘을 가지고 있었기 때문이다. 당시 김선기 교수는 일본 가속기 실험인 벨 실험에 참여해서 에너지를 측정하는 장치를 만들었는데, 이 장치에 아이오딘화 세슘이 들어갔다.

"박사 후 연구원 1명, 중국 학생 1명을 포함해 모두 3명이 양양 양수 발전소에 상주했다. 2003년부터 2006년 초까지였다." 이현수 부단장은 검출기에서 나온 초기 데이터로 논문을 썼다. 6.6킬로그램의 작은 아이오딘화 세슘 결정 1개를 사용한 데이터였다. 이 검출기는 중국 과학원 부설 상하이 규산염 연구소(SICCAS)가 제작했다. 이후에 만든 12개의 검출기는 SICCAS와 일본 업체 하마마쓰 포토닉스의 베이징 지사를 통해 8.7킬로그램 용량으로 제작했다.

2006년 논문(「낮은 배경 방사능 요오드화 세슘 검출기의 첫번째 윔프 반응 단면적 한계설정(First limit on WIMP cross section with low background CsI (TI) crystal detector)」)은 한국에서 진행된 입자 물리학 실험에 근거한 첫 논문이었다. 이전까지 한국의 입자 물리학 실험가는 모두 해외 입자 가속기를 이용해 실험했다. 이현수 부단장이 제1저자로 나온 이 논문은《피직스 레터스 B(*Physics Letters B*)》에 실렸다. DAMA 그룹이 암흑 물질 발견을 주장한 논문이 실린 유럽 학술지이기도 하다. DAMA 실험이 옳은지 그른지를 KIMS 실험이 향후 확인할 가능성이 있다는 내용이 2006년 논문의 골자였다.

KIMS 실험을 이끌던 김선기 교수는 이 성과로 2006년 고시바 상을 받았다. 고시바 상은 일본 물리학자 고시바 마사토시(小柴昌俊)의 2002년 노벨 물리학상 수상을 기념하기 위해 제정됐다. 고시바 상의 첫 외국인 수상자로 한국의 김선기 교수가 선정됐으니, 그 의미가 남달랐다. 이현수 부단장은 "실험 결과가 미흡해 보일지 모르지만, 물리학자라면 이것이 얼마나 힘든지 알 것이다."라고 말했다.

양양에서 나온 데이터를 가지고 두 번째로 쓴 논문은 박사 논문이 되었다. 2005년 초기 검출기 4개로 6개월간 받은 데이터를 분석한 결과였다. 논문 제목은 「CsI 검출기를 이용한 암흑 물질 탐색(Limits on interactions between weakly interacting massive particles and nucleons obtained with CsI (Tl) crystal detectors)」이다. 암흑 물질 신호를 보았다는 DAMA의 연구 성과를 부정하는 내용이었다. 이 논문은 2007년 입자 물리학 분야 최고 학술지인《피지컬 리뷰 레터스》에 실렸다. 또 서울 대학교 최우수 졸업 논문으로 선정됐고, 그는 젊은 과학자상(아시아 태평양 물리학회 연합회와 아시아 태평양 이론 물리 센터 공동 수여)도 받았다.

"우리 그룹이 한 것은 새로운 발견은 아니었다. 여기는 아니다 하는 연구였다. DAMA는 아이오딘화 소듐으로 검출 실험을 한다. 한국 그룹은 다른 재료인 아이오딘화 세슘으로 실험했다. 아이오딘화 소듐이나 아이오딘화 세슘이나 모두 아이오딘이 들어 있다. 그러니 우리의 실험 결과는 DAMA가 보았다는 암흑 물질 신호가 적어도 아이오딘과 암흑 물질이 반응한 것은 아니라는 걸 보인 거다. 아이오딘이 아니라고 거의 확실하게 증명했다. 소듐과 암흑 물질이 반응하는지 여부는 당시 확인할 수 없었다."

이현수 부단장은 박사 학위를 받은 뒤 미국 시카고 대학교로 떠났다. 페르미 국립 가속기 연구소에서 연구를 했다. 2011년까지 박사 후 연구원으로 4년 4개월을 머물렀다. "김선기 교수님께 입자 물리학의 주류인 가속기를 경험하고 싶다고 말씀드렸다. 그랬더니 시카고 대학교 김영기 교수님에게 추천서를 써 주셨다." 김영기 교수는 김선기 교수의 고려 대학교 물리학과 1년 후배다. 이현수 박사가 시카고에 갔을 때 김영기 교수는 페르미 연구소 부소장으로 일하고 있었다.

그는 페르미 연구소에서는 입자 질량 측정 실험을 했다. 김영기 교수 그룹이 무거운 입자의 정밀 질량 측정에 특화되어 있었기 때문이다. 페르미 연구소가 자랑하는 입자 가속기 테바트론을 사용하는 입자 검출 실험인 CDF(Collider Detector at Fermilab) 그룹에서 일했다. 입자 물리학의 표준 모형에는 기본 입자 17개가 있다. 이중 가장 무거운 게 톱 쿼크(top quark)이고 그 다음이 W 입자(W boson)다. 이현수 박사는 톱 쿼크 질량을 가장 정밀하게 측정하는 기록을 세웠다. 당시는 톱 쿼크와 W 보손 질량을 정확히 측정하면 힉스 입자 질량을 정확히 예측할 수 있다는 게 학계 분위기였다. 힉스는 다른 입자에 질량을 부여하는 입자다. 힉스 입자는 나중에 테바트론보다 강력한 입자 가속기인 대형 강입자 충돌기(LHC)가 등장하고 난 다음인 2012년에 존재가 확인되었다.

이현수 박사는 시카고에서 귀국해 2012년 이화 여자 대학교 물리학과 교수가 되었다. 암흑 물질 연구자에게 한국은 힘든 곳이었다. 그의 박사 학위 과정이 끝난 2006년의 경우 한국 연구 재단의 연구비 지원이 끊겼다. "그때 후배들이 힘들었다. 나보다 1년 늦게 시작한 후배는 검출기에서 나오는 데이터가 없어 논문을 쓸 수 없었다. 박사 학위가 몇 년이나 늦어졌다."

그리고 2011년 말 IBS가 생겼다. "한국의 암흑 물질 연구 집단이 IBS에 지원했다. 10~15년을 같이 연구해 온 그룹이다." 김선기 교수는 '중이온 가속기 건설단' 단장이 되어 그룹을 떠났다. 김영덕 교수가 그룹의 새로운 리더가 되었다. 이현수 대표와 인터뷰가 시작된 지 2시간이 훌쩍 지났을 때 방문이 열리더니, 머리칼이 희끗희끗한 연구자가 머리를 디밀었다. 알고 보니 김영덕 연구단 단장이었다. IBS 지하 실험 연구단 출범 때 참여한 인력은 교수급만 6명이었다.

전 세계에서 5개 그룹이 아이오딘화 소듐 검출기를 사용해 이탈리아 DAMA 실험을 검증하겠다고 의욕을 불태우고 있다. 각각은 배경 방사능을 줄이고 검출기를 개발하고 있다. 암흑 물질 실험단은 시작부터 스페인, 미국 그룹과 공동 연구했다. 2015년에는 예일 대학교 마루야마 교수와 실험을 합쳤다. 실험 이름도 KIMS에서 COSINE으로 바꿨다. '코사인'이란 이름은, 이탈리아 DAMA 실험의 암흑 물질 신호가 삼각 함수의 코사인 형태로 나온다는 데서 따왔다.

마루야마 그룹은 원래 남극 대륙에서 암흑 물질 검출 실험을 했다. 'DM-ICE'라는 이름의 실험이었다. 두 그룹이 같이하면 시너지 효과를 낼 수 있어 실험을 합쳤다. 양양에 있는 검출기의 아이오딘화 소듐 결정은 모두 106킬로그램 무게다. 마루야마 그룹은 이중 절반인 50킬로그램을 제작했다. 이현수 부단장은 "결과에 따라 양양과 남극에서 앞으로 다음 실험을 수행할 수도 있다."라고 말했다.

현재 윔프를 찾고 있는 암흑 물질 연구자 커뮤니티의 분위기는 어떨까? 이현수 부단장은 "암흑 물질이 있을 가능성 있는 범위가 너무 넓어졌다. 유럽 입자 물리학 연구소의 LHC에서 초대칭 입자가 발견되지 않았기 때문이다."라고 말했다. 초대칭 입자가 가속기에서 발견되었다면 윔프의 가장 강력한 후보가 확인되는 셈이었다. 그런데 초대칭 입자나, 이론가들이 예측한 다른 입자들이 발견되지 않으면서 지금은 수색 범위가 더 커졌다. 이론가의 안내를 받아 실험가가 특정 영역을 집중 탐색해야 하는데 그렇게 안 되고 있다. 그렇다고 이리저리 마구잡이로 쑤셔 볼 수도 없는 노릇이다.

주요 국가들의 윔프 검출 실험으로는 미국의 LUX-ZEPLIN 실험(사우스 다코다 주 리드 소재 광산에서 수행되고 있다.), 유럽의 DAMA 실험, 중국의 판다X 실험(쓰촨 성 진핑(屏錦)에서 2009년부터 진행 중이다.)이 있다. 이현수 부단장은 "다들 실험을 잘해서 파고들 틈이 많지 않았다. 그래서 우리는 DAMA 실험 검증 작업을 타깃으로 했다."라고 말했다.

양양에 있는 검출기가 내놓은 데이터는 대전의 IBS 지하 실험단 사무실과 예일 대학교가 있는 코네티컷 주 뉴헤이븐에서 실시간으로 확인한다. 데이터는 이현수 부단장 연구실 컴퓨터와 복도에 놓인 모니터에 언제나 뜨게 되어 있다. 모니터로 보는 것은 양양 현장의 지하 실험이 잘 진행되고 있나 체크하기 위해서다. 암흑 물질 신호가 잡혔는지는 데이터를 별도로 분석해야 확인 가능하다.

이현수 부단장은 "남들보다 15년 늦게 출발했고, 그간 뒤쫓아 갔다. 지금은 분위기가 무르익었다. 연구의 최전선에 설 여건이 됐다."라고 자신감을 보였다. 이어 "향후 10년이면 한국에서도 세계적 수준의 검출기를 가지게 될 것"이라 말했다.

암흑 물질이 발견된다면 다음에는 무슨 일을 하게 되는가를 물었다. 이현수 부단장은 "해당 입자의 질량을 정확히 측정해야 한다. 보통 물질과의 반응도 확인해야 한다."라고 말했다. 그가 김영덕 교수 연배가 되면 암흑 물질의 얼굴을 볼 수 있을까? 이현수 대표는 40대 중반이다.

이현수 교수를 처음 만난 건 2018년이다. 그 뒤에도 IBS로 이 교수를 몇 번 찾아가, 그의 암흑 물질 연구가 어떻게 진행되고 있는지를 물었다.

이현수 교수가 이끄는 COSINE 실험은 2021년 11월 학술지 《사이언스 어드밴시스(Science Advances)》에 논문을 발표했다. COSINE 실험은 "데이터에서 잡음과 암흑 물질 신호를 구분하는 능력을 향상시켜, COSINE-100 실험의 예민도가 전반적으로 개선됐다. 이탈리아 DAMA 실험이 보았다는 암흑 물질 신호는 보지 못했다."라고 말했다.

COSINE 실험은 현재 아이오딘화 소듐 106킬로그램을 사용한다. 그래서 실험 이름이 COSINE-100이다. 아이오딘화 소듐 결정의 크기를 200으로 키우기 위해 결정을 추가로 만드는 작업을 대전에서 진행 중이다. 그러면 실험 이름은 COSINE-200이 된다. 암흑 물질을 탐지할 수 있는 능력이 더욱 향상될 것이다.

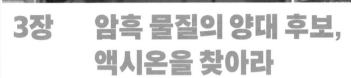

3장 암흑 물질의 양대 후보, 액시온을 찾아라

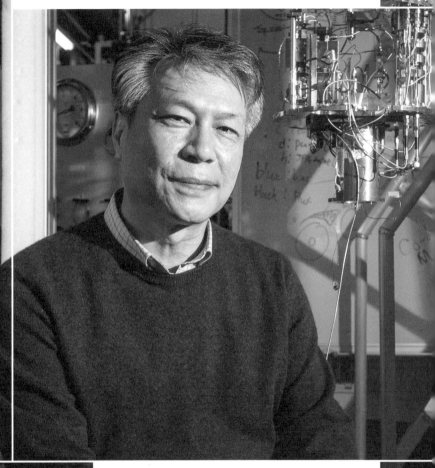

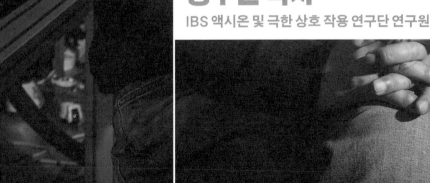

정우현 박사

IBS 액시온 및 극한 상호 작용 연구단 연구원

대전 카이스트 문지 캠퍼스에 액시온(axion)이라는 미지의 암흑 물질 입자를 찾는 물리학자 수십 명이 있다. 이들은 IBS 산하의 '액시온 및 극한 상호 작용 연구단'(단장 야니스 세메르치디스(Yannis K. Semertzidis)) 소속이다. 액시온은 윔프와 함께 암흑 물질 양대 후보다. 암흑 물질 후보는 많으나, 이러저러한 걸 따져 보면 가장 있을 법하다고 해서 물리학자들은 액시온과 윔프를 유력한 후보로 보고 있다. 암흑 물질은 눈에 보이지 않으나, 눈으로 보이는 물질보다 5배나 많다고 추정된다. 암흑 물질 정체를 밝혀내는 게 21세기 물리학의 큰 도전이다.

2022년 3월에 찾아간 액시온 연구단은 카이스트 문지 캠퍼스 정문으로 들어가자마자 왼쪽 첫 번째 건물(창조관)에 있었다. 3층 건물 절반을 쓰고 있었다. 1층에는 넓은 홀이 있고, 홀에는 '액시온 및 극한 물리 연구단' 설명 자료들이 전시되어 있었다. 액시온 연구단 이야기는 야니스 세메르치디스 단장(카이스트 물리학과 교수이기도 하다.)으로부터 들으면 좋으나, 영어로 물리 이야기를 듣는다는 게 부담스럽다. 이해하기도 쉽지 않고, 통역을 통하면 취재 시간이 2배로 걸린다. 그래서 액시온 연구단의 한국인 맏형인 정우현 박사를 만났다. 정우현 박사는 "연구단은 크게 보아 '액시온 검출'과 '정밀 물리학(precision physics) 실험'이라는 실험 2개를 한다. 나는 액시온 실험을 책임지고 있다."라고 말했다.

액시온 연구단은 2013년 10월에 출범했다. IBS 설립 다음 해다. 정우현 박사에 따르면, 액시온 연구단의 산파는 김진의 서울 대학교 물리학과 명예 교수다. 김진의 교수는 액시온 이론 연구의 세계적인 권위자다. 김진의 교수는 IBS가 만들어진다는 얘기를 듣고 IBS 내부에 액시온 검출 실험을 하는 연구단이 있으면 좋겠다고 판단했다. 연구단을 이끌 실험 물리학자를 찾았고, 당시 접촉한 사람 중 1명이, 미국 뉴욕 주 롱아일랜드 소재 브룩헤이븐 국립 연구소(Brookhaven National Laboratory, BNL)에서 일하던 세메르치디스 박사다. 세메르치디스 박사는 그리스 인으로 뉴욕 주 로체스터 대학교에서 박사 학위를 받았다. 그가 로체스터 대학교에서 연구한 게 액시온이다. RBF라는 액시온 검출 실험에 참여했다.

정우현 박사는 액시온 연구단 출범 8개월 후인 2014년 6월에 연구단에 합류했다. 그때까지 정 박사는 미국 위스콘신 대학교 물리학과 소속 '과학자(scientist)'로 일했다. 그러면서 시카고 인근에 있는 페르미 국립 가속기 연구소의 입자 검출 실험(CDF)에 참여했다. 그는 페르미 연구소에서 입자 검출기를 설계하고 제작하는 일을 오래 했다. 피츠

버그 대학교 박사 과정 때는 페르미 연구소의 E706 실험으로 1995년 박사 학위를 받았고, 위스콘신으로 적을 옮긴 뒤에도 페르미 연구소에 내내 있었으니, 모두 25년을 페르미 연구소에서 일했다.

정우현 박사가 액시온 연구단에 와 보니, 액시온 실험 전문가가 한 사람도 없었다. 연구단을 이제부터 꾸려야 했다. 세메르치디스 단장은 입자 검출기 전문가인 정우현 박사에게 "액시온 검출기나 입자 검출기 만드는 게 다르지 않다."라고 말했으나, 해 보니 달랐다. 정우현 박사는 "처음에 고생을 많이 했다."라고 말했다.

그에게 주어진 임무는 액시온 검출 장치에 들어가는 공진기(cavity resonator)와 증폭기(amplifier) 만들기다. 공진기는 액시온 입자의 신호를 뽑아내는, 검출 장치의 심장에 해당하는 장치다. 공진기는 고자기장(high magnetic field)에 놓여 있고, 공진기 안에서 액시온은 강한 자기장으로 인해 가상 광자와 반응해 실제 광자 1개를 내놓는다. 광자는 공진기를 빠져나오면서 전기 신호로 바뀐다. 전기 신호는 대단히 약해서 그 세기를 키우기 위해 증폭기가 필요하다.

정우현 박사는 2015년 초 미국 출장길에 올랐다. 먼저 시애틀에 있는 워싱턴 대학교로 갔다. 당시 워싱턴 대학교는 세계에서 유일하게 액시온 검출 실험인 ADMX(Axion Dark Matter eXperiment)를 진행하고 있었다. ADMX 책임자는 레슬리 로젠버그(Leslie Rosenberg) 교수. 로젠버그 교수는 연구 교수 1명, 박사 후 연구원 2명, 대학원생 몇 명 해서 총 5~6명으로 실험을 꾸려 가고 있었다. 이 실험에는 로런스 리버모어 연구소와 플로리다 대학교, 버클리 대학교 연구자가 참여했다. 정우현 박사는 "다른 암흑 물질 후보인 윔프를 검출하는 실험과는 달리, 액시온 검출 실험은 규모가 작다. 상대적으로 돈이 많이 들지 않는다. 냉장고와 자석만 있으면 된다."라고 말했다. 또 배경 소음을 줄이기 위해 윔프 실험은 지하 1,000미터로 내려가나, 액시온은 지상에서 그냥 하면 된다. 실제로 액시온 연구단이 만든 검출 장치는 연구단 건물 1층에서 가동 중이다.

정우현 박사는 며칠 동안 시애틀에서 머무르면서 ADMX가 돌아가는 걸 봤다. 검출기를 어떻게 만들고, 어떻게 실험을 운영하는지 관찰했다. 정 박사는 "굉장히 단순한 실험이나, 사람들이 왜 액시온 실험이 어렵다고 하는지를 알겠더라."라고 말했다. 공진기와 증폭기가 목을 쥐고 있었다. ADMX가 그때만 해도 공진기와 증폭기 기술이 부족해 액시온 입자를 검출할 수 있는 민감도에 접근하지 못했다.

액시온은 당초 암흑 물질 후보로 나온 건 아니다. 입자 물리학자들은 자연을 이루는 기본 입자와 입자들의 상호 작용을 이해하는 과정에서 뭔가 '아귀'가 맞지 않는 걸 알았고, 그걸 맞추기 위해 액시온이 있어야 한다고 생각했다. 그 문제란 게 '강한 상호 작용의 CP(전하 반전 대칭) 문제'다. 상세한 건 설명이 길어지니, 그 정도만 말하고 넘어가자. (8장 권영준 교수 편에서 CP 대칭성을 자세히 소개한다.) 문제에 멋진 해답을 내놓은 건 1977년 미국 스탠퍼드 대학교의 두 물리학자 로베르토 페체이(Roberto Peccei)와 헬렌 퀸(Helen Quinn)이었다. 그리고 그 입자에 '액시온'이란 이름을 붙인 것은 MIT 물리학자 프랭크 윌첵(Frank Wilczek, 2004년 노벨 물리학상)이다. 액시온은 미국에서 많이 팔리는 세정제 브랜드다.

세정제처럼 액시온 입자가 강한 상호 작용의 CP 문제를 싹 해결해 주길 바란다는 뜻에서 이름을 그렇게 붙였다.

김진의 서울대 명예 교수는 1979년 액시온의 물리적인 특징을 이론적으로 알아내는 데 크게 기여했다. 특히 액시온 질량이 지극히 작을 것이며, 액시온이 붕괴하는 데 10^{50}초가 걸릴 거라고 했다. 김진의 교수의 액시온 모형 이름은 'KSVZ 액시온'이라고 한다. 'KSVZ 액시온'의 K가 김진의 교수의 성에서 딴 것이다.

액시온 이론에 따르면 빅뱅(big bang, 대폭발) 과정에서 액시온이 많이 만들어진다. 그래서 암흑 물질이지 않을까 하는 쪽으로 사람들은 생각하게 되었고, 요즘은 암흑 물질 후보로 더 주목받고 있다. 문제는 존재 여부를 확인하는 게 쉽지 않다는 점이다. 액시온은 전기적으로 중성이고, 질량은 10^{-6}~10^{-2}전자볼트 범위일 것으로 추정된다. 윔프 질량이 10^{9}~10^{13}전자볼트이니, 액시온은 윔프보다 최대 10^{15}분의 1만큼 가볍다. 다른 입자와의 상호 작용도 거의 하지 않는 걸로 보인다. 질량이 가볍고 상호 작용을 하지 않으면 존재 여부를 확인하기가 여간 까다롭지 않다. 정우현 박사 설명을 들어본다.

"액시온 검출 실험은 1980년대에 시작됐다. 미국 플로리다 대학교의 피에르 시키비(Pierre Sikivie) 교수가 1983년 자기장을 이용한 검출법을 처음 제시했다. 액시온이 자연적으로 붕괴하는 데 걸리는 시간은 10^{50}초라고 했는데, 이는 우주 나이(138억 년≒10^{18}초)보다 긴 시간이다. 그러나 우리는 무한정 기다릴 수 없다. 시키비 교수가 제시한 건 굉장히 강한 자기장 안에서 액시온은 자기장과 반응하고, 그러면 입자가 붕괴해 입자의 질량 크기에 해당하는 에너지를 가진 광자 1개로 변한다는 거다. 이렇게 붕괴하는 데 걸리는 시간도 10^{50}초가 아니고, 우리가 검출할 수 있는 정도의 시간대라고 했다. 그런데 그 신호는 대단히 약하다. 그게 얼마나 약한 신호인가 하면 우리가 지구 표면에서 주고받는 핸드폰 신호를 화성에서 보는 것과 비슷하다. 액시온 신호는 전자기파에서도 파장이 긴 마이크로파다. 마이크로파는 라디오 주파수다. 라디오는 공중에 떠다니는 라디오파를 잡아내는 검출기다. 액시온 검출기도 마찬가지다. 공진기 안에서 만들어지는 액시온 신호를 잡아내려고 한다. 우리가 우선 찾아보려는 액시온의 예상 주파수 대역은 1기가헤르츠에서 8기가헤르츠 사이다. 현재 메인 검출기는 1기가헤르츠~1.6기가헤르츠 대역을 보고 있다. 검색 범위를 그렇게 잡아 놓고 검출기 주파수를 바꿔 가며 액시온 신호가 나오는지를 확인하고 있다. 그런 의미에서 공진기는 지상에서 가장 성능 좋은 라디오라고 말할 수 있다."

입자 물리학에서는 입자 질량을 표현하는 데 보통 전자볼트(eV)라는 에너지 단위를 사용한다. 에너지는 곧 질량($E=mc^2$)이기 때문이다. 그런데 액시온 연구자는 액시온 신호를 헤르츠(Hz)로 표현하니, 좀 낯설다. 헤르츠를 사용하는 이유는 액시온 신호가 전자기파이기 때문이다. 전자기파 단위인 헤르츠다. 1헤르츠는 1초에 1번 전자기파가 진동한다는 뜻이다.

시키비의 실험 아이디어가 나온 후 미국에서 두 가지 실험, 즉 RBF 실험과 UF 실험이 진행됐다. RBF 실험은 R(로체스터 대학교)와 B(브룩헤이븐 국립 연구소), F(페르미 연구소)가 1986년부터 1989년까지 브룩헤이븐 연구소에서 같이했다. 세메르치디스 단장이 로체스터 대학교 대학원생일 때 참여한 실험이다. UF(University of Florida) 실험은 플로리다 대학교에서 했다. 하지만 목표로 한 액시온을 볼 수 있는 기술이 없어 성과를 내지 못했다. 액시온이 있다고 생각되는 영역에 접근할 수가 없었다. 정우현 박사가 찾아간 시애틀 소재 ADMX 실험은 UF 실험에 뿌리를 두고 있다. UF 실험은 1995년 로런스 리버모어 국립 연구소(캘리포니아 샌프란시스코 인근)로 이동했고, 다시 2010년에 시애틀의 워싱턴 대학교로 실험 장소를 바꿨다. 리버모어에서 시애틀로 실험을 들고 간 사람이 로젠버그 박사다.

정우현 박사가 ADMX를 찾아간 건 사실 그들이 '양자 증폭기'(quantum amplifier)를 사용하고 있었기 때문이다. 실험을 전체적으로 보고 배우는 것도 필요했지만 앞선 기술인 양자 증폭기를 탐내고 갔다. 양자 증폭기는 JPA(Josephson parametric amplifier, 조지프슨 매개 증폭기)라고 한다. 시애틀을 본 뒤에는 캘리포니아 버클리로 갔다. ADMX 측에 양자 증폭기에 대한 조언을 해 준 사람이 캘리포니아 대학교 버클리 캠퍼스에 있었다. 그로부터 도와주겠다는 약속을 받았다. 그리고 미국 동부의 예일 대학교로 갔다. 예일 대학교에는 ADMX에서 떨어져 나간 다른 액시온 실험인 ADMX-HF 실험이 있었다. 정 박사는 예일 대학교 실험을 보고 이어 콜로라도 주 볼더로 갔다. 볼더에는 JILA(Joint Institute for Laboratory Astrophysics)라는 유명한 물리 과학 연구소가 있다. JILA의 JPA 연구자는 예일 대학교 실험(ADMX-HF)에 JPA를 제공한 바 있다. 그로부터 정우현 박사는 '성능이 개선된 JPA 모형'을 건네받았다. 세메르치디스 단장과 그 연구자의 친분이 작용했다.

액시온 실험의 성공은 공진기 안에서 나오는 액시온 신호를 볼 수 있도록 신호를 키우는 것에 달려 있다. 공진기를 둘러싸고 있는 초전도 자석이 강력할수록 자기장이 세지는데, 자기장이 세질수록 액시온 신호가 커진다. 현재 액시온 연구단의 주(主) 검출기에 장착된 자석은 12테슬라(T)라는 어마어마한 자기장을 만든다. 또 공진기는 원통형이고, 내부는 빈 공간인데, 공진기 내부 부피가 크고, 공진기 효율이 좋을수록 신호가 커진다. 정우현 박사는 "신호를 키우기 위해 할 수 있는 모든 노력을 해 왔다."라고 말했다.

한편으로는 잡음을 줄여야 한다. 잡음이 크면 액시온 신호가 잘 안 보이기 때문이다. 잡음은 검출 장치 자체의 온도에서 대부분 나오고, 또 증폭기에서 나온다. 온도가 있다는 것은 그 물질을 이루는 분자와 원자 수준에서 진동이 심하다는 뜻이고, 진동을 줄이기 위해서는 실험 장치의 온도를 극한으로 내려야 한다. 그래서 액시온 실험은 초저온 실험이다. 절대 온도 0도, 섭씨 −273도보다 살짝 높은 온도에서 실험을 한다. 정우현 박사가 연구단 건물 1층에 내려가서 보여 준 액시온 실험 장치를 보니 개발 중인 양자 컴퓨터와 비슷하게 생겼다. 양자 컴퓨터와 비슷하게 생긴 부분이 냉각 장치이고, 그 안에는 4단 구조로 실험에 필요한 각종 장치를 장착하게 되어 있다. 양자 증폭기는 4단 중 가장 온도가 낮은 맨 아래 단에 장착하게 되어 있다. '믹싱 체임버(mixing chamber)'라고 불리는 맨 아래 단의 온도가 10밀리켈빈

(mK) 정도다. 10밀리켈빈은 절대 온도로 0.001도다. 아주아주 차가운 상태다. 공진기는 냉각 장치 아래에 붙어 있다. 현재 액시온 연구단의 주 실험에 사용하는 공진기는 지름 26센티미터, 높이는 50센티미터쯤인 원통이다. 그러니 냉동기와 공진기는 전체적으로 원통 모양이고, 주된 실험의 경우 전체적인 검출기 높이는 3미터, 폭은 60센티미터 정도 된다.

증폭기가 애를 먹였다. 증폭기가 시스템에 더하는 잡음이 1켈빈 정도다. 데이터는 100밀리켈빈 이하 온도에서 뽑아내고 싶은데, 이를 위해서는 시중에서 살 수 있는 일반 증폭기로는 감당이 안 됐다. 그래서 정우현 박사가 첨단 기술인 양자 증폭기 JPA를 찾아서 동분서주했던 것이다. 양자 증폭기를 쓰면 잡음을 10분의 1로 줄일 수 있기 때문이다.

볼더에서 받아온 양자 증폭기 JPA는 결국 사용하는 데 실패했다. 정우현 박사는 "우리가 준비가 되어 있지 않았기 때문"이라고 했다. 그 와중에 ADMX 실험이 양자 증폭기를 사용해서 실험 데이터를 받기 시작했다는 걸 알았다. 액시온 연구단이 2016년 제주도에서 학회를 열었는데 학회에 참가한 ADMX 관계자가 그것을 발표했다. 마음이 급했다. 정우현 박사는 다시 동분서주했고, 2017년 독일 예나에서 열린 양자 컴퓨터 학회에 가서 돌파구를 찾았다. 학회에서 만나는 사람마다 붙잡고 양자 증폭기 얘기를 물었다. 그때 "당신 나라 바로 옆 일본에 아주 훌륭한 JPA를 만드는 사람이 있다. 누구에게나 JPA를 잘 준다. 이름이 나카무라다."라는 얘기를 들었다. 알아보니,

　　　　　　　　　3장 암흑 물질의 양대 후보, 액시온을 찾아라

그는 도쿄 대학교의 양자 정보 물리학자인 나카무라 야스노부(中村泰信) 교수였다.

2019년 1월 세메르치디스 단장과 연구단 내의 양자 증폭기 전문가인 안드레이 마틀라쇼프(Andrei Matlashov), 세르게이 우차이킨(Sergey Uchaikin) 박사와 함께 도쿄 대학교를 찾았다. 나카무라 교수는 일본 이화학 연구소(RIKEN)에서도 그룹을 이끌고 있었다. 나카무라 교수는 액시온 연구단과의 공동 연구에 흔쾌히 응했다. 나카무라 교수는 이후 JPA 칩을 200개 넘게 제공했다. 액시온 연구단이 요구하는 주파수에 맞춰 칩을 설계해 주기도 했다. 정우현 박사는 "나카무라 교수가 준 JPA 칩을 갖고 결국 실험에 성공했다."라고 말했다.

액시온 연구단의 액시온 검출 실험은 2017년과 2018년에 큰 진전이 있었다. 그 전까지가 시설을 갖추고 초기 기술을 확보하는 단계였다면, 이제 실험 시설을 갖추고 운영하는 단계에 진입한 셈이다. 2018년 한국 최초의 액시온 실험을 시작했다. 양자 증폭기인 JPA를 사용한 건 아니고 HEMT 증폭기를 썼다. HEMT 증폭기는 잡음이 1켈빈쯤 나오나 그리 나쁜 것은 아니었다. 2018년 내내 '1켈빈짜리 HEMT 증폭기'를 갖고 데이터를 받았다. 이것으로 받은 데이터를 갖고《피지컬 리뷰 레터스》에 2020년 2편, 2021년 1편 해서 모두 3편의 논문을 냈다.

그리고 양자 증폭기 JPA를 끼워 넣는 데 성공했다. 2019년 가을 장착에 성공했고, 2020년 봄에 데이터를 받아 내는 데 성공했다. 지금은 데이터를 받아 냈고 논문도 다 썼다. 곧 학술지에 보내려고 한다.

정우현 박사는 "기존 실험에 JPA만 바꿔 끼웠다. 그렇게 함으로써 액시온 검출 실험에 걸리는 시간을 줄일 수 있었다. JPA를 쓰면 액시온이 있을 것으로 생각되는 구역을 조사하는 시간을 50분의 1로 줄일 수 있다. 50년 걸릴 데이터를 1년 만에 받았다."라고 말했다. 액시온 연구단은 현재 냉동기 7대, 자석 6개를 갖고 있다. 2021년에 검출기 3대를 동시에 돌려 데이터를 뽑았다. 2022년 안에 3대가 더 돌아갈 예정이니, 2022년 연말이면 6대가 가동된다.

그는 "연구단 성과가 이제부터 나오고 있다."라며 2022년 2월 중순에 IBS 평가에서 'exellent(뛰어나다)'는 평가를 들었다고 자랑했다. IBS는 산하 연구단을 주기적으로 평가하고 있으며, 액시온 연구단은 이번에 8년차 평가를 받았다. 국내외 인사 8명(국외 5명)이 평가했고, 책임자는 독일 막스 플랑크 연구소의 벨라 마요로비츠(Béla Majorovits) 박사였다. 5년차 평가에서는 'Good(좋다)'를 받았으니 이번에 더 좋은 평가를 받은 것이다.

정우현 박사는 자신의 다른 기여로 '초전도 공진기' 개발을 들었다. 그는 "초전도 공진기를 사이드로 개발했다. 세메르치디스 단장이 초전도로 공진기를 만들어 보자고 제안해서 JPA 개발과 비슷한 때에 시작했다."라고 말했다. 정 박사에 따르면, 소리가 났을 때 수정처럼 진동이 오래 계속될 수 있고, 아니면 금방 소리가 흩어져 버릴 수도 있다. 공진기 효율은 소리가 얼마나 오래 지속되느냐를 보는데, 이를 측정하는 기준은 Q 인자(Q factor)라고 한다. 통상 공진기를 구리로 만들면 Q 인자가 5만이 나오는데, 초전도 공진기를 만들면 50만 이상이 나올 수도 있으리라는 게 세메르치디스 단장의 아이디어였다. 고생 끝에 고온 초전도체를 찾아냈다. 고자기장에서도 초전도 특성이 유지됐다. 초전도 테이프를 구입해서 공진기 안에 34조각으로 길게 붙였다. 처음 만들어 보니 Q 인자가 15만이 나왔다. 그리고 2020년 초에 개발한 2세대 초전도 공진기에서는 기대했던 50만이 나왔다. Q 인자가 클수록 액시온 신호가 증폭이 더 된다. 정우현 박사는 "세계 최초로 고자기장 안에서 작동하는 최고 효율의 공진기를 만들었다. 지금은 전 세계 액시온 실험실 스무 군데 모두에서 초전도체 공진기를 사용하고 싶어 한다."라고 말했다. 초전도 공진기를 이용한 액시온 실험 논문을 써야 한다. 몇 달 데이터를 분석해야 한다. 좋은 학술지에 논문을 내고 싶다고 했다.

세계적으로 액시온 실험은 2022년 현재 미국의 ADMX 실험, HAYSTAC 실험(미국 예일 대학교), 이탈리아 QUAX 실험이 진행형이다. 준비 중인 큰 실험으로는 독일 MADMAX 실험(함부르크), 유럽의 IAXO 실험(스위스 제네바)이 있다.

액시온 실험은 현재 1기가헤르츠의 에너지대를 보고 있고, 앞으로 더 높은 에너지대를 살펴보게 된다. 정우현 박사는 "5년 안에 1~8기가헤르츠를 검색하게 된다. 그리고 검색한 주파수를 지워 나가고 이후에는 10기가헤르츠, 20기가헤르츠, 30기가헤르츠로 올라갈 것"이라고 했다. 기가헤르츠라고 하니, 큰 단위로 보이나, 질량으로 환산하면 전자 질량의 10^{12}분의 1 수준이다. 무지무지하게 가벼운 것이다. 액시온 실험은 극한의 물리학이었다.

4장　암흑 물질을 찾을 방법은 많다

박종철
충남 대학교 물리학과 교수

BDM: Produc...

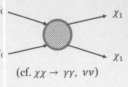

χ　　　　　　　χ_1

χ　　　　　　　χ_1

(cf. $\chi\chi \to \gamma\gamma,\ \nu\nu$)

- - - - - - - - - - - - -
becomes boosted

$(\gamma_1 = m_0/m_1)$

χ_1　　(Laboratory)

$$\frac{d\Phi_1}{dE_1} = \frac{1}{4} \cdot \frac{1}{4\pi} \int d\Omega \int_{\text{l.o.s.}} ds \langle\sigma v\rangle_{\chi_0\bar\chi_0 \to \chi_1\bar\chi_1} \frac{dN_1}{dE_1}\left(\frac{\rho(\mathbf{r}(s}{m}\right.$$

$$= 8.0 \times 10^{-5}\ \text{cm}^{-2}\text{s}^{-1} \times \left(\frac{\langle\sigma v\rangle_{\chi_0\bar\chi_0 \to \chi_1\bar\chi_1}}{5 \times 10^{-26}\ \text{cm}^3\,\text{s}^{-1}}\right)($$

elastic scattering (eBDM)　　　　　　　　　　　　**inelastic scattering (**

충남 대학교 물리학과 박종철 교수는 암흑 물질 이론 연구자다. 실험 물리학자가 아니라 이론가다. 그는 2019년 4월 대전 롯데 시티 호텔에서 포스코 청암 재단이 주최한 '청암 펠로 학술 교류회'에 참석했다. 포스코 청암 재단은 '사이언스 펠로(Science Fellow)'를 선발해 지원하고, 물리학이나 화학 등 분과별로 새로 펠로가 된 연구자가 발표하는 자리를 만든다. 박종철 교수는 청암 재단의 '신진 교수 펠로'로 2016년에 선정된 바 있다. 충남대 교수가 되고 다음 해 일이다.

2022년 2월 초 충남대에서 만난 박종철 교수는 "물리학 분과 모임은 좋은 연구 이야기를 들을 수 있는 자리라서 매해 갔다."라고 말했다. 그곳에서 포항 공과 대학교 응집 물질 물리학자 이길호 교수의 발표를 들었다. 이길호 교수는 그래핀(graphene)이라는 물질과 조지프슨 접합(Josephson junction) 원리를 갖고 아주 예민한 센서를 만들었다. 그래핀은 탄소 원자 1개 층으로 된 물질이고, 조지프슨 접합은 '조지프슨 효과(Josephson effect)'를 이용한 장치다. 두 초전도체 사이에 얇은 절연체를 끼워 넣었을 때(조지프슨 접합) 가운데의 절연체를 건너뛰어 초전류가 흐르는 현상을 조지프슨 효과라 한다. 초전류는 저항 없이 흐르는 전류다. 보통 아주 낮은 온도에서 초전도 현상이 나타나며 초전류가 나타나는 물체를 초전도체라 한다. 조지프슨 효과는 초전도체 사이에 절연체가 있을 때 나타나는 현상이나, 이길호 교수는 절연체 대신 그래핀을 사용했다.

센서가 되는 원리는 다음과 같다. 초전도체에 초전류가 흐를 때 외부에서 아주 작은 에너지가 들어와 그래핀 온도가 상승하면 초전류가 흐르지 못한다. 예컨대 일정한 에너지의 전자기파가 들어오면 초전류가 끊긴다. 그러니 이 센서는 외부에서 에너지가 들어왔는지 감지할 수 있다. 초전도체 양쪽 끝에서 전압을 재고 있으면 된다. 초전류가 흐르지 못해서 전압이 뜨면 외부에서 에너지가 들어온 거다.

이길호 교수 발표 내용은 다음 해인 2020년《네이처》에 출판됐다. 빛 알갱이, 즉 광자 하나를 검출하고 그 에너지 크기를 읽어 내는 게 이길호 교수의 궁극적인 목표다. 응집 물질 물리학자가 초저 에너지 측정을 위해 개발한 센서를 접하고, 박종철 교수는 '암흑 물질을 검출할 수 있는 센서가 될 수 있겠다.'라고 판단했다. 그리고 몇 달 후 포항으로 찾아갔다. 두 사람은 함께 암흑 물질 검출기를 만들기로 의기투합했다.

초저온 에너지 센서 중 일부가 시중에 나와 있다. TES(transition-edge sensor)와 MKID(microwave kinetic inductance detector)가 그런 제품이다. TES는

1전자볼트 크기의 에너지를 볼 수 있고, MKID는 그보다 10분의 1이 상 작은 에너지(0.01전자볼트~0.1전자볼트)를 본다. 박종철 교수가 이길호 교수와 만들고 있는 극초민감도 센서는 그보다 더 작은 에너지를 검출할 수 있다. 0.0001전자볼트부터 1전자볼트까지를 커버한다.

암흑 물질은 미지의 물질이고, 현재 우리가 아는 물질보다 5배나 많다고 물리학자들은 생각하고 있다. 암흑 물질의 존재를 간접적으로 드러내는 현상들이 있다. 암흑 물질을 찾기 위한 연구의 현주소는 어디일까? 박종철 교수는 왜 1전자볼트 이하의 영역을 볼 수 있는 암흑 물질 검출기를 만들고자 하는 것일까? 보통 물질을 구성하는 입자에는 양성자와 전자가 있다. 양성자 질량은 약 938메가전자볼트이니, 1전자볼트보다 거의 10억 배 무겁다. 그리고 전자 질량은 0.5메가전자볼트이니, 1전자볼트의 50만 배 크기다. 박 교수가 만드는 센서 이야기를 더 하기에 앞서, 암흑 물질을 찾는 입자 물리학 연구의 큰 그림을 잠시 구경하도록 하자.

박종철 교수는 서울 대학교 물리학과 대학원에서 가상의 암흑 물질 후보 입자인 윔프를 연구했다. 지도 교수는 당시 한국을 대표하는 이론 입자 물리학자였던 김진의 교수였다. 박종철 교수는 2008년 박사 학위를 받았다. 윔프는 한국 출신 이휘소 박사와 미국 물리학자 스티븐 와인버그(Steven Weinberg, 1979년 노벨 물리학상 수상자이다.)가 우주를 잘 설명하기 위해 제안한 입자다.

윔프의 특징은 그 이름에서 알 수 있다. 윔프는 '약하게 상호 작용 하는 무거운 입자'의 줄임말이다. 이름을 뜯어보면, 이 입자는 '약한 상호 작용'을 하고, '질량'은 크다는 걸 알 수 있다. '약한 상호 작용'이란 중성자가 붕괴해 양성자로 변하는 상호 작용이다. 원자핵 안에서 일어나며 방사능을 내놓는다. 윔프 질량은 '무겁다고' 했는데, 1기가 전자볼트(10^9eV)와 10테라전자볼트(10^{12}eV) 사이로 추정된다. 1기가전자볼트면 양성자 질량(938메가전자볼트)과 거의 같은 크기다. 윔프는 어쩌다 보니 암흑 물질일 가능성이 가장 큰 입자로 주목받았다. 윔프는 그런 물리적 특징을 가진 입자가 우주에 있다고 가정했을 때, 암흑 물질이 우주에서 차지하는 전체 양을 잘 설명한다. 물리학자들은 이에 놀라 '윔프 기적(WIMP Miracle)'이라는 표현까지 만들었고, 실험 물리학자들은 크고 작은 실험을 만들어 윔프를 찾아 나섰다. 실험이 본격적으로 시작된 게 1990년대다.

윔프 수색 작업은 세 방면으로 진행됐다. '직접 검출', '간접 검출', 그리고 '직접 생성'이다. 직접 검출은 우리나라에서도 IBS 지하 실험 연구단(단장 김영덕)의 COSINE 실험(공동 대표 이현수)이 하고 있다. 세계적으로는 유럽의 DAMA 실험, 유럽의 제논 실험, 미국의 CDMS 실험이 유명하다. 기본적으로는 모두 다 윔프와 질량이 비슷한 원자핵을 가진 물질을 많이 갖다 놓고 윔프가 우주를 날아다니다가 이 원자핵을 때리는지 알아보려는 실험이다.

간접 검출은 우주에서 날아오는 우주선을 연구한다. 박 교수의 설명을 들어 본다. "암흑 물질이 우주에 많으니까 날아다니다가 자기들끼리 충돌한다. 충돌해서 쌍소멸한다. 그 과정에서 우리가 볼 수 있는 입자 물리학 표준 모형의 입자로 바뀔 수도 있다. 우주선이 붕괴해서 만들어지는 입자들을 봤는데, 표준 모형 입자가 일부 생각보다 많이 나올 수 있다. 이렇게 되면 암흑 물질이 자기들끼리 쌍소멸했고, 그 결과 표준 모형 입자가 더 많이 나오는 특이 신호가 나타난 것으로 해석할 수 있다. 그게 우주선을 이용한 간접 탐색 방식이다."

간접 검출 실험은 지구 궤도, 남극, 지하 1,000미터, 사막에서 하고 있다. 우주 실험에는 Fermi-LAT(미국 우주 망원경 실험, 2008년 발사), AMS-02(국제 우주 정거장에서 하는 미국 실험, 2011년 이후 수행 중이다.)가 있다. 남극에서 하는 실험은 미국 위스콘신 대학교 그룹이 주도하는 아이스큐브(IceCube, 2010년 구축)가 있다. 일본 도쿄 대학교 그룹은 지하 깊숙한 폐광에서 슈퍼 카미오칸데(Super Kamiokande) 실험을 하고 있으며, 아프리카 나미비아 사막에서는 독일 막스 플랑크 연구소 그룹 등이 2002년부터 고에너지 입체 시스템 실험(High Energy Stereoscopic System, HESS)을 하고 있다.

세 가지 암흑 물질 검출 방식 중 마지막인 직접 생성은 입자 가속기를 가지고 한다. CERN의 대형 강입자 충돌기인 LHC에서 입자 빔 충돌을 만들고 거기에서 암흑 물질이 나오는지 본다.

박종철 교수는 세 가지 범주를 다 연구한다. 그는 "모든 가능성을 다 열어 놓고 연구한다. 우주선 관측도 계속 공부해야 한다. 우주선 실험은 매우 다양하다. 중성미자, 감마선 등 우주선 종류가 다양하니까. 그것을 다양한 장소에서 다양한 실험 장치로 연구한다. 실험 결과가 나온 논문을 계속 공부한다. 그래야 그것을 바탕으로 이론 논문을 쓸 수 있다. 입자 가속기를 통한 연구의 경우 암흑 물질을 어떻게 만들 수 있을까? 만들면 그 신호는 어떻게 볼까 생각해 왔다."라고 말한다.

10여 년 전부터 박종철 교수는 윔프가 암흑 물질 후보가 아닌 경우를 연구하고 있다. 세 가지 윔프 검출 실험을 수행하는 연구소 어디에서도 윔프를 검출했다는 소식이 들려오지 않기 때문이다. 그래서 윔프 모형을 대체할 수 있는 모형 연구를 시작했다. 윔프가 현재 우주에 있는 암흑 물질이 아니라면, 암흑 물질이 초기 우주에서 만들어질 수 있는 다른 메커니즘을 생각해야 한다. 그는 박사 학위를 받고 고등 과학원에서 연구원으로 일하기도 했는데, 2011년에 쓴 이론 논문 중 하나가 윔프를 대체하는 '새로운 생성 메커니즘' 연구다. 당시 만든 모형 이름은 'Assisted Freeze-out 모형'이다. 그를 포함한 이론 물리학자는 최근 다양한 모형을 내놓고 있다.

그렇다면 윔프 모형은 끝난 것일까? 윔프는 암흑 물질 후보에서 사라졌을까? 박종철 교수는 "여전히 후보로 살아 있다. 죽었다는 이야기는 못 한다."라고 말했다. "분명 검출이 어려워지기는 했으나, 우회해서 검출할 수 있는 방식이 있다."라고 말했다. 박 교수는 "질량은 윔프 크기인데 상호 작용이 더 약하고 반응성이 낮아서 보지 못했을 수도 있다."라고 말했다. 이 경우 반응성을 높여서 볼 수 있도록 실험을 해야 한다.

다른 가능성은 암흑 물질이 윔프가 아닌 경우다. 그렇다면 윔프를 탐색할 때처럼 양성자보다 질량이 더 큰 영역이 아니라 그보다 질량이 작은 영역을 살펴봐야 한다. 반응성은 윔프와 비슷하나 질량이 작은 영역을 수색해야 한다. 박 교수는 "반응성 크기가 작거나 질량이 작은 쪽을 앞으로 찾아봐야 한다."라고 말했다.

질량은 윔프 정도이나 반응성이 작다면 실험을 키워야 한다. 실험 규모가 커져야 그중에서 반응하는게 나올 수 있다. IBS의 COSINE 실험은 윔프를 검출하는 실험인데, 실험 이름은 COSINE-100이다. 여기서 100은 아이오딘화 소듐 결정의 크기를 가리킨다. COSINE 실험은 결정 크기를 2배로 키워 COSINE-200 실험을 진행할 계획이다. 이탈리아 그란 사소 국립 연구소에서 진행 중인 제논 실험의 경우 2006년 제논 액체 15킬로그램으로 시작했으나 2008년 165킬로그램으로 키웠다. 2016년부터는 제논 3톤 이상을 활용해 데이터를 받았고, 2022년 현재는 8톤 이상의 제논을 활용한 실험이 진행되고 있다. 윔프가 와서 제논 원자핵에 충돌하기를 기다리고 있다.

박 교수에 따르면 암흑 물질 질량이 윔프보다 가벼우면 현재의 핵자(양성자 또는 중성자) 충돌 방식으로는 그 존재 여부를 보기 힘들다. 핵자 충돌 방식으로 잘 볼 수 있는 질량 범위는 1기가전자볼트에서 1테라전자볼트까지다. 질량이 작다면 새로운 방식을 사용해야 한다. 그것이 전자 충돌 방식이다. 전자는 양성자나 중성자 같은 핵자로 이

| 10^{-22}eV | KeV | MeV | GeV | TeV | PeV | 100M$_\odot$ ~10^{68}eV |

극도로 가벼운   아주 가벼운 가벼운   윔프   아주 무거운   극도로 무거운

박종철 교수가 '암흑 물질의 풍경'이라는 슬라이드를 보여 줬다. 암흑 물질 후보가 될 수 있는 에너지 스펙트럼은 10^{-22}~10^{68}전자볼트이다. 지금까지는 주로 10^3~10^4전자볼트 영역만 보았다.

4장 암흑 물질을 찾을 방법은 많다

뭐진 원자핵과 함께 원자를 이룬다. 전자는 원자핵보다 훨씬 가볍다. 외부에서 상대적으로 작은 에너지를 가해도 원자에서 전자를 뜯어낼 수 있다. 즉 자유 전자가 되게 할 수 있다. 이 반응을 확인해서 미리 계산한 수치와 같은 결과가 나오면, 물리학자는 기다리고 있던 암흑 물질이 와서 충돌한 것이라고 말할 수 있다.

이 아이디어에 따라서 암흑 물질 질량이 1기가전자볼트 이하인 경우를 탐색하는 실험이 수행되기 시작했다. 캐나다에서 진행되는 SuperCDMS(Super Cryogenic Dark Matter Search) 실험, 미국 페르미 연구소의 SENSEI(Sub-Electron-Noise Skipper-CCD Experimental Instrument) 실험이 그런 예다. SENSEI 실험은 반도체 소재인 실리콘 CCD를 사용한다. 실리콘 원자 안에 들어 있는 전자와 암흑 물질이 충돌하기를 기다린다. 1메가전자볼트에서 1기가전자볼트 크기의 '가벼운' 영역은 SENSEI 실험과 같은 새로 시작된 실험이 커버한다. 그런데 그보다 가벼운 영역, 즉 1메가전자볼트 이하의 영역은 어떻게 할 것인가? 이것이 박종철 교수가 현재 가진 문제 의식이고, 서두에 소개한 이길호 교수와의 협업 내용이다.

박종철 교수는 "1메가전자볼트 이하로 내려가면 원자핵에서 전자를 떼어 내는 방식으로 보기도 힘들다. 전자를 떼어 내는 데 필요한 에너지가 보통 1전자볼트 수준이다. 다른 방식으로 봐야 한다. 그래서 1전자볼트 이하를 볼 수 있는 검출기 아이디어가 나왔고, 그것이 초전도체, 초유체, 3차원 디랙 물질, 그래핀 조지프슨 접합 방식 검출기다."라고 말했다. 초전도체와 초유체를 사용하는 논문이 학계에 나온 게 2016년이고, 3차원 디랙 물질을 사용한 검출기 아이디어는 2018년에 나왔다. 박 교수는 "응집 물질 물리학의 아이디어를 가지고 오면 암흑 물질 검출기를 만들어 볼 수 있다는 아이디어의 논문들이다."라고 말했다. 이중에서 실제로 검출기로 만들어진 것은 초전도 나노선(nano wire) 검출기다. 논문이 2019년에 나왔으나, 검출기의 민감도가 잘 나오지 않았다.

박종철 교수는 '그래핀 조지프슨 접합 암흑 물질 검출기'가 가능하다는 아이디어를 제시한 논문을 2020년 2월에 한 과학 학술지에 제출했다. 연구는 그를 포함해 모두 4명이 했다. 이론과 검출기의 기본 아이디어는 박 교수와 미국 텍사스 A&M 대학교의 입자 이론가인 김두진 박사(서울대 물리학과 97학번)가 제시했고, 이길호 포항 공과 대학교 교수와 그의 지인인 킨충퐁 박사가 대규모 검출기 개념 설계를 했다.

박 교수는 "아이디어 단계 논문에서는 이론하는 사람이 훨씬 할 일이 많았다. 이길호 교수님을 통해서 실제 실험을 구현하기 위해 어떻게 설계하면 좋을까 하는 연구를 했다."라고 말했다. 계산 모델링을 하고 코드를 돌려서, 그래핀 조지프슨 접합 암흑 물질 검출기를 만들면 볼 수 있는 질량과 반응 영역을 예측했다. 그런데 논문 심사자가 "개념은 알겠는데, 잘 작동하는지 직접 만들어서 시험해 봐야 하는 것 아니냐. 반응성은 어떻게 하고, 잡음 통제는 어떻게 할 거냐?"라며 실험 데이터를 요구했다. 박 교수 논문에 앞서 나온 초전도체, 초유체 등의 검출기 개념 논문들은 실물을 만들지 않고도 아이디어만으로도 출판된 바 있다.

생각지 못한 장벽에 부딪힌 박 교수는 실험 장치를 직접 만들어야 하는 상황이 됐다. 박 교수는 "내가 낸 아이디어인데 다른 사람이 실험을 해 주겠느냐, 내가 해야 한다."라고 말했다. 문제는 돈이다. 이길호 교수의 도움을 받더라도, 실험비는 박종철 교수가 마련해야 했다. 그래핀 조지프슨 접합 암흑 물질 검출기를 만들어 가동하려면 10밀리켈빈까지 내려가는 극저온 장치도 필요한데, 극저온 장치는 고가다. 이길호 교수가 극저온 장치를 가지고 있으나, 그것을 사용할 수는 없다. 그래서 그는 도전적인 연구 주제를 환영하는 삼성 미래 기술 육성 재단에 연구 제안서를 냈다. 삼성 미래 기술 육성 재단이 박종철 교수의 제안서를 받아들였고 2021년 6월부터 연구비 지원을 시작했다. 쾌보가 아닐 수 없었다. 박 교수는 "연구비 지원 액수를 공개하지 못하게 되어 있다."라고 말했다. 하지만 다른 과학자에게 그간 들은 얘기를 미뤄 짐작하면 매년 수억 원이 아닐까 싶다.

　박종철 교수는 "검출기가 볼 수 있는 에너지의 하한선은 0.1밀리전자볼트(0.0001전자볼트)를 목표로 하고 있다."라고 말했다. 암흑 물질 탐색을 위해서는 조지프슨 접합 센서 하나가 아니라, 다수의 센서를 연결해야 한다. 그래서 효과가 조금 낮아지는 경우를 감안하면 0.1~10밀리전자볼트를 검출 가능한 에너지 영역으로 생각하고 있다. 박종철 교수는 "누구도 가 보지 못한 영역을 처음으로 가겠다는 뜻이다. 현재 남들은 1,000킬로전자볼트대 질량을 보고 있는데, 우리는 그보다 1억 분의 1 가벼운 질량 영역을 보게 될 것"이라고 말했다.

　박종철 교수는 "이 연구 재밌다. 새로운 걸 하니 좋다. 즐겁고 에너지가 생긴다."라고 말했다. 이론 입자 물리학자인 자신이 실험 장치를 고안하고 암흑 물질 검출 장치의 구축 프로젝트를 직접 하게 될 줄은 생각지 못했단다. 작업은 초기 2년간 1단계에서 조지프슨 접합 센서 1,000개를 직렬 연결하는 게 목표다. 이게 안정적으로 작동하는지를 봐야 한다. 응집 물질 물리학자인 이길호 교수는 센서 1~2개를 만들어 실험하지 이렇게 수백 개를 연결해서 만드는 일은 해 본 적이 없다. 처음 작업으로는 15개를 직렬 연결로 만들었고, 성공적으로 작동하는 것을 확인했다. 이어 2021년 후반과 2022년 초반 사이에 센서 123개, 216개를 직렬 연결한 걸 만들었다. 박 교수는 "생각지 못했던 일이다. 남들이 안 가 본 길을 간다."라고 다시 강조했다. 수백 개를 직렬 연결하고 이때 집단적으로 검출기로서의 물성이 안정적으로 나오는지를 확인해 가고 있다. 2022년 5~6월에는 극저온 냉장고도 들여올 예정이다. 냉장고 안에 만든 검출기를 넣고 한두 달은 신호가 나오는지 모니터링할 계획이다. 잘 되면 2단계 작업으로 암흑 물질 신호가 잡히는지 탐색하는 검출기로 사용된다. 박 교수는 "이 검출기는 액시온 검출기로도 쓸 수 있다."라고 말했다.

액시온은 다른 암흑 물질 후보이다. 박 교수에 따르면 액시온이 날아다니다가 검출기 그래핀의 전자와 반응한다. 그러면 액시온은 사라지고 그 질량에 해당하는 만큼의 에너지를 가진 광자를 내놓을 것으로 예상된다. 액시온은 웜프와 함께 양대 암흑 물질 후보로 거론되어 왔다.

박종철 교수의 암흑 물질 연구 이야기를 다 들었다고 생각했다. 박 교수가 "아니다. 이 이야기는 하지도 않았다."라며 내가 들고 간 프린트를 가리켰다. 순간 아차 싶었다. 박종철 교수는 2022년 2월 7일 중앙 대학교 물리학과가 주최한 '표준 모형 너머 워크숍'에 초청을 받아 강연했다. 그것을 알고 나는 박 교수의 발표 슬라이드를 구해서 프린트해 갔다.

박 교수는 현재 자신의 암흑 물질 연구는 크게 세 가지로 나눌 수 있다고 했다. 지금까지 길게 설명을 들은 '아주 가벼운 암흑 물질의 직접 탐색 연구'가 첫 번째다. 두 번째 연구 영역은 빠르게 움직이는 암흑 물질이 만들어질 수 있고 만들어진다면 어떻게 검출할 것인가에 관한 연구다. 박 교수에 따르면, 현재 우리 주변의 암흑 물질은 광속의 1,000분의 1로 움직일 것으로 추정된다. 그런데 특정한 조건에서는 광속에 가깝게 움직이는 암흑 물질이 극히 드물게 존재할 수 있다. 이게 어떻게 만들어지고 어떻게 검출할 수 있느냐에 관한 연구다. 우주에는 고에너지 우주선이 많이 만들어지는데, 또 우주의 어디에나 암흑 물질은 있으므로 우주선과 암흑 물질이 충돌할 수 있다. 암흑 물질과 우주선이 충돌하면 빠르게 움직이는 암흑 물질이 만들어질 수 있다. 그리고 이게 암흑 물질이나 중성미자 검출기의 원자핵이나 전자와 충돌하면, 기존에 사람들이 생각했던 것보다 강한 신호가 나올 수 있다고 박종철 교수는 제안했다.

입자 물리학자들은 암흑 물질도 한 종류가 아닐 것이라 생각한다. 보통 물질도 기본 입자가 17종류나 있듯이, 암흑 물질도 여러 종류일 것으로 추정하고 있다. 그리고 보통 물질과 암흑 물질은 일부 서로 상호 작용할 것이고, 그 접점을 '포탈(portal)'이라고 표현한다. 이와 관련해서도 수많은 이론 물리학자의 아이디어 논문이 나와 있다.

박종철 교수의 세 번째 연구 영역은 암흑 물질 직접 생성과 그 관측이다. 현재 지구 곳곳에서 특히 중성미자를 보기 위한 실험이 많이 수행되고 있다. 고정된 표적에 양성자 빔을 때리고 거기에서 나오는 중성미자를 보는 실험들이다. 박 교수에 따르면, 이 실험들에서 나오는 데이터를 잘 분석하면 암흑 물질이 만들어졌는지 알 수 있다. 중성미자를 보기 위한 실험이지만, 암흑 물질도 만들어질 수 있고, 그렇다면 쏟아지는 데이터에서 암흑 물질이 만들어졌다는 신호를 분석해 내는 방법이 필요하다. 박 교수는 그 분석법을 제안하는 연구도 했다. 관련 연구는 2020년 《피지컬 리뷰 레터스》와 2022년 《저널 오브 하이 에너지 피닉스(*Journal of High Energy Physics*)》에 출판되었다.

박종철 교수는 에너지가 좋았다. 설명하는 능력도 돋보였다. 몇 시간을 설명해도 지치는 기색이 없었다. 그의 설명을 듣고 나니 암흑 물질 연구의 현주소를 상당히 이해했다는 생각이 들었다. 이론 연구의 길을 걷다 실험까지 직접 하게 되다니, 특히 그 점이 매력적이다. 앞으로 박종철 교수의 연구가 어떻게 진행될까 궁금하다.

$$\Phi = A(x) + i\theta\theta$$

$$\cdots + \sqrt{2}\,\theta\,\psi(x) + \cdots$$

$$\cdots ,+ \; g_{ijk}\,\Phi_i\,\Phi_j\,\Phi_k :$$

$$\Phi^{+} = A^{*}(x) - i\theta\sigma^{n}$$

$$+ \sqrt{2}\,\bar{\theta}\,\bar{\psi} +$$

$$(1 + e^{i\chi})\,\Phi^{+}_i \cdot \Phi_j = \cdots \; +$$

$$- \left(W\big|_{\theta\theta} + \overline{W}\big|\right.$$

5장   윔프, 액시온, 심프?
      진짜 암흑 물질은 무엇일까?

이현민

중앙 대학교 물리학과 교수

암흑 물질을 연구하는 이론 물리학자를 만나러 가는 길은 급경사였다. 서울특별시 동작구 흑석동의 중앙 대학교 정문을 지나 이현민 물리학과 교수를 취재하러 갔다. 졸업식으로 교정은 들뜬 분위기였다. 2019년 2월이었다. 연구실로 가기 위해 가파른 계단을 한참 올랐다. 연구실에 들어가니, 한쪽 벽면의 대형 칠판에 수식이 가득 쓰여 있다.

　이현민 교수는 입자 물리학과 우주론을 연구한다. 입자 물리학은 자연이 어떤 기본 입자로 만들어졌고, 그들 사이의 상호 작용은 어떻게 있나를 연구하는 분야다. 우주론은 우주는 어떻게 시작됐고, 그 후에 진화를 어떻게 했으며, 최종적인 운명은 어떤 모습일까를 탐구한다. 이 교수는 최근 암흑 물질 연구에 힘써 왔다. 암흑 물질은 입자 물리학과 우주론에서 모두 중요한 연구 주제다. 그가 암흑 물질 연구를 얼마나 하는지 확인하고 만나러 갔다. 출판 전 논문(프리프린트

(preprint)) 사이트인 아카이브(arXiv.org)에서 그가 쓴 암흑 물질 논문 수를 확인할 수 있다. 아카이브는 학술지 기고에 앞서 과학자들이 자신의 논문을 공개하는 사이트 중 하나다. 이 사이트에 이현민 교수의 영어 이름(Lee Hyun Min)을 입력하니, 논문 제목이 주르륵 나왔다. (2021년 10월 9일 현재 기준으로 163편이다.) 암흑 물질 관련 논문이 많다. 그중 일부 제목을 살펴보았다. 무슨 뜻인지 정확히 알지 못하고 한글로 뭐라고 표현해야 할지도 잘 모르겠다. 제목을 옮겨 보면 다음과 같다. 「자기 공진하는 암흑 물질(Self-resonant dark matter)」(2021년 8월), 「붕괴하는 암흑 물질로서의 유니타리 인플라톤(Unitary inflaton as decaying dark matter)」(2019년 2월), 「스핀 2 매개 입자로 암흑 물질 직접 검출하기(Dark matter direct detection with spin-2 mediators)」(2018년 11월), 「렙토-쿼크 포탈 암흑 물질(Lepto-Quark portal dark matter)」(2018년 10월), ……

이현민 교수는 서울 대학교 물리학과 대학원에서 박사 공부를 했다. 학위는 2002년에 받았다. 지도 교수였던 김진의 교수는 액시온이라는 암흑 물질 연구의 대가. 김진의 교수는 한때 한국에서 노벨 물리학상 수상자가 나온다면 상을 받을 후보로 꼽혔다. 지금은 서울 대학교를 퇴직하고 경희 대학교 석좌 교수로 일한다.

암흑 물질. 존재한다는 것은 안다. 그러나 얼굴을 본 사람은 없다. 암흑 물질이란 용어는 1933년 미국 캘리포니아 공과 대학교(Caltech) 천문학자 프리츠 츠비키(Fritz Zwicky)가 만들었다. 츠비키는 우주의 거대한 구조물인 은하단을 관측하고 '뭔가 우리가 모르는 게 있다.'라며 그것을 암흑 물질이라 불렀다. 그로부터 30년쯤 지난 1960년대

우주의 물질─에너지 양

일반 물질
5%

암흑 물질
27%

암흑 에너지
68%

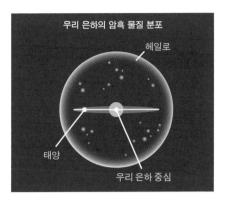

우리 은하의 암흑 물질 분포

헤일로

태양

우리 은하 중심

암흑 물질은 은하 중심에 몰려 있지 않고, 중심에서부터 멀리까지 둥근 원 형태로 퍼져 있다.

초반 미국 카네기 워싱턴 연구소의 여성 천문학자인 베라 루빈(Vera Rubin) 역시 같은 문제를 제기했다. 루빈은 은하의 회전을 관측하다가 이상한 점을 발견했다. 회전 속도가 이상하게 빨랐다. 눈에 보이는 질량으로는 나올 수 없는 회전 속도였다. 자신의 관측 결과를 설명하기 위해 루빈은 은하 외곽에 우리 눈에 보이지 않는 막대한 질량이 있다고 주장했다.

1970년대 중반이 되어서야 과학자들은 암흑 물질의 존재를 받아들였다. 그 뒤로 50년 이상 암흑 물질의 정체를 알기 위해 무진 애를 써 왔으나, 정체는 오리무중이다. 이현민 교수는 한국의 대표적인 암흑 물질 이론가 중 1명이다. 그는 오랜 암흑 물질 추적에도 지친 기색이 보이지 않았다. "중력파는 이론으로 예측된 후에 검출하기까지 100년이 걸렸다."라며 담담한 표정이었다.

암흑 물질은 '보통 물질'보다 훨씬 많다. 5배 이상이다. 우주의 물질

중에서 보통 물질은 15퍼센트이고, 암흑 물질은 85퍼센트라고 추정된다. (참고로 우주에는 암흑 에너지라는 미지의 에너지도 있다. 암흑 에너지 이야기는 3권 1장 이영욱 교수 편에도 나온다.)

암흑 물질은 무엇일까? 물리학자가 내놓은 가상의 암흑 물질 후보는 수없이 많다. 후보는 크게 보아 '차가운 암흑 물질(cold dark matter, CDM)'과 '뜨거운 암흑 물질(hot dark matter, HDM)'로 구분할 수 있다. 입자가 빛의 속도에 가깝게 빨리 운동하느냐 아니냐에 따른 분류다. 매우 가볍고 광속에 가깝게 빨리 운동하는 물질은 '뜨거운 암흑 물질'이라고 하고, 더 무겁고 은하에 붙어 별과 기체와 같은 속도로 천천히 운동하는 물질은 '차가운 암흑 물질'이라고 한다.

1982년 '차가운 암흑 물질' 이론을 내놓은 사람은 미국 천체 물리학자이자 프린스턴 대학교 명예 교수인 제임스 피블스(James E. Peebles)다. 그는 2019년 노벨 물리학상을 받았다. 피블스의 제안 이후 얼마 되지 않아 '차가운 암흑 물질'이 있어야 현재 우주에서 볼 수 있는 거대한 구조가 만들어진다는 데 과학자들은 합의했다. 이에 따라 '차가운 암흑 물질'이란 단어가 천체 물리학의 표준 모형 이름에 들어가게 되었다. 오늘날 천체 물리학 표준 모형은 '람다 차가운 암흑 물질(ΛCDM)'이다. (참고로 CDM 앞의 낯선 글자 Λ는 그리스 어 '람다'이다. Λ는 우주 상수라고 하며 현재의 우주가 팽창하고 있음을 설명한다.)

차가운 암흑 물질 중에서 물리학계의 주목을 끌어 온 가상의 후보 물질은 2개다. 윔프와 액시온이다.

윔프는 1977년 한국계 미국 물리학자 이휘소와 스티븐 와인버그가 제안했다. 이휘소 박사는 김진명의 소설 『무궁화꽃이 피었습니다』(1993년) 속 핵물리학자로 등장해 한국인에게는 널리 알려졌다. 소설 속 설정과 달리 이휘소 박사는 핵물리학자가 아니라 '입자 물리학자'다. 이휘소 박사는 당시 미국 입자 물리학계의 스타였고, 스티븐 와인버그는 그와 절친이었다. 이휘소와 와인버그는 1977년 논문에서 '무거운 중성미자'라는 아이디어를 내놓았다. 중성미자는 전기적으로 중성이고 매우 가벼워서 '미자(微子)'라는 이름을 가졌다.

이현민 교수는 "무거운 중성미자가 우주에 실제로 존재하고 그 질량이 2기가전자볼트(GeV, '게브'라고 읽는다.)라면 암흑 물질 후보가 될 수 있다고 두 사람이 처음 계산했다. 이휘소 박사가 1997년에 교통 사고로 죽지 않았다면 윔프 연구에서 더 많은 업적을 냈을 것이다."라고 말했다.

중성미자는 입자 물리학자들이 그 특징을 알아내기 위해 현재 집중 공략하고 있는 입자다. 몇 종류가 있는지, 질량은 얼마인지를 잘 모른다. 현재까지 전자 중성미자, 뮤온 중성미자, 타우 중성미자, 세 종류의 중성미자가 있는 건 확인됐다. 세 입자의 정확한 질량은 모르지만, 이휘소와 와인버그가 예상한 것보다는 훨씬 작다. 그렇다면 이휘소와 와인버그의 '무거운 중성미자'라는 생각은 틀렸을까? 혹시 두 사람이 생각했던 게 중성미자는 아니지만 다른 미지의 입자라면 어떨까?

이휘소와 와인버그의 '무거운 중성미자' 아이디어를 체계적인 모형으로 만들어 낸 것이 초대칭(supersymmetry, SUSY) 이론이다. 초대칭 이론은 차세대 입자 물리학 이론 후보 중 하나다. 20세기에 물리학자들은 자연을 이루는 기본 물질과 그들 간의 상호 작용을 설명하려고 노력했고, 그 결과 '입자 물리학의 표준 모형'이라는 걸 완성했다. 표준 모형은 물질 입자(쿼크6종류, 전자, 중성미자 등 6종류)와 힘을 전달하는 입자(4종류), 힉스 입자 해서 모두 17종류로 구성되어 있다. 그런데 표준 모형이 설명하지 못하는 자연 현상이 있다. 그래서 입자 물리학자는 '표준 모형 너머'의 새로운 이론을 찾고 있으며, 초대칭 이론은 그 후보 중 하나다.

이휘소와 와인버그가 제안한 무거운 중성미자는 초대칭 이론을 구성하는 입자에 포함돼 '뉴트랄리노(neutralino, 초대칭 중성 입자)'라는 이름을 갖게 되었다. 일부 물리학자는 뉴트랄리노를 윔프의 후보로 보고 있다.

최근 들어서는 뉴트랄리노가 윔프일 가능성이 크게 흔들리고 있다. 뉴트랄리노 존재의 근본이 되는 초대칭 이론이 위협받고 있기 때문이다. 스위스 제네바에 위치한 CERN의 LHC에서 예상과는 달리 초대칭 입자가 검출되지 않고 있다. 초대칭 이론을 만든 이론가들이 얘기해 준 질량 근처를 열심히 실험 물리학자들이 뒤졌으나 흔적을 찾지 못했다. 입자 가속기에서 하는 실험은 암흑 물질을 직접 만드는 방식이다. 이와는 달리 암흑 물질을 '직접 검출'하는 방식의 암흑 물질 수색 방식이 있다.

윔프를 직접 검출하려는 실험에서도 윔프가 발견되지 않고 있다. 대표적인 윔프 직접 검출 실험은 제논(Xe, 원자 번호 54번 원소)을 이용한다. 미국의 'LZ(LUX-Zeplin)' 실험과 이탈리아 그란 사소 국립 연구소의 '제논 1T(Ton)' 실험이 유명하다.

윔프, 즉 뉴트랄리노를 검출하는 방법은 다음과 같다. 뉴트랄리노라는 가상 입자가 보통 물질과 아주 미약하게 상호 작용할 것이라고 생각된다. 아주 작은 반응을 확인하기 위해서는 검출기가 예민해야 한다. 우주선과 같은 배경 잡음을 차단해야 한다. 이 때문에 과학자들은 지하로 검출기를 가지고 내려간다. 앞에서 설명한 것처럼 한국의 경우 강원도 양양의 양수 발전소가 있는 지하 700미터 공간에 검출기가 설치됐다. 기초 과학 연구원(IBS)의 지하 실험 연구단(단장 김영덕)이 이곳에서 'COSINE 실험'(공동 대표 이현수 박사)을 하고 있다. (2장 참조)

많은 이는 가상의 뉴트랄리노 질량을 100기가전자볼트 근처로 예상했다. 뉴트랄리노 검출을 위한 최상의 선택으로 제논이 지목된 것은 이것 때문이다. 제논 원자핵에는 131개의 양성자와 중성자가 들어 있다. 양성자 1개의 질량은 1기가전자볼트와 비슷하다. 그러니 제논의 표준 원자량인 131기가전자볼트와 뉴트랄리노의 질량(100기가전자볼트)이 비슷하다.

검출기 안에서 뉴트랄리노가 제논 원자핵에 부딪히면 어떻게 될까? 질량이 비슷하기 때문에 튕길 것이다. 검출기는 이때 뉴트랄리노가 튕겨 나온 흔적을 확인한다. 만약 뉴트랄리노 질량이 더 무겁다면 어떻게 될까? 뉴트랄리노는 제논을 그냥 쓸고 지나가 버릴 것이다. 반대로 뉴트랄리노 질량이 너무 가벼우면 와서 부딪힌다고 해도 제논이 별다른 반응을 보이지 않을 것이다. 검출기는 충돌 여부를 알지 못한다.

그런데 어찌 됐건, 뉴트랄리노 질량이 100기가전자볼트 근처일 거라는 예측은 빗나갔다. '간단한 뉴트랄리노' 모형으로 불리는 가설은 배제됐다. 이제 뉴트랄리노의 질량이 가볍거나 무거운 쪽을 들여다봐야 한다. 질량이 가벼운 쪽은 10기가전자볼트 미만의 영역이고 무거운 쪽은 수백 기가전자볼트 이상 영역이다. 이현민 교수는 학계 분위기가 웜프의 질량이 무겁다는 쪽으로 기울었다고 말한다.

이현민 교수는 웜프 연구를 하면서 '매개 입자(mediator) 중심 모형'을 제안했다. "암흑 물질과 보통 물질 사이를 연결하는 매개 입자가 있을 수 있다. 매개 입자의 성질을 이해하면 암흑 물질을 알 수 있다는 게 매개 입자 중심 모형의 아이디어다. 나는 매개 입자를 직접 실험으로 검증하는 노력을 5년 이상 해 왔다. 웜프를 찾기 위한 또 다른 접근이다. 이 연구는 박명훈 교수(서울 과학 기술 대학교)와 함께했다."

암흑 물질의 또 다른 유력한 가상 후보는 액시온이다. 액시온은 웜프보다 훨씬 가볍다. 웜프 질량은 수백 기가전자볼트로 예상되나, 액시온은 밀리전자볼트~마이크로전자볼트의 질량을 가질 것으로 추정된다. '기가'는 10^6이고 '밀리'는 10^{-3}이다. 이 둘은 10^9배 차이가 난다. 이현민 교수의 은사인 김진의 교수가 1980년을 전후해 아주 가벼운 액시온 입자를 세계 최초로 제안했다. 김진의 교수가 제안한 액시온 모형은 KSVZ(Kim-Shifman-Vainshtein-Zakharov)라고 불린다.

액시온은 검출기의 민감도가 아직 충분치 않아 존재 여부가 검증

되지 않고 있다. 액시온이 있다고 생각되는 에너지대를 탐색하지 못하고 있다. 실험을 위해서는 강력한 초전도 자석이 필요하다. 현재 초전도 자석 세기는 8테슬라 수준이나, 검출을 위해서는 이보다 2~3배 세기를 올려야 한다. 국내에서 액시온을 연구하는 곳은 IBS의 액시온 및 극한 상호 작용 연구단이다. 단장은 야니스 세메르치디스 카이스트 교수다. 해외 액시온 검출 실험 중에는 시애틀 소재 워싱턴 대학교의 ADMX(The Axion Dark Matter eXperiment)가 오래됐다.

액시온이라는 가상 입자는 전자기장과 상호 작용을 할 때 광자를 내놓을 것으로 추정된다. 광자는 빛 알갱이다. 광자가 액시온 검출기의 공명 진동수와 맞으면 신호를 검출할 수 있다. 아직은 검출기 안에서 광자로 바뀌는 빈도가 낮다. 검출하려면 초전도 자석의 세기를 키우거나, 검출기의 민감도를 키워야 한다.

이현민 교수는 새로운 암흑 물질 후보를 제안하는 연구에 힘을 쏟고 있다. 심프(SIMP, strongly interacting massive particles)가 가장 최근의 후보 물질이다. 암흑 물질의 속성과 관련된 추가적인 정보가 나오면, 그것을 반영해서 암흑 물질은 이러저러한 특징을 갖고 있지 않을까 하고 아이디어를 내놓는 것이다. 표준 모형에 난 구멍을 채우면서, 그게 암흑 물질의 후보도 될 수 있으면 좋을 것이다. 이 교수에게는 그게 심프다. 심프는 미국 캘리포니아 대학교 버클리 캠퍼스의 무라야마 히토시(村山齊) 교수가 2014년에 제안했다. 무라야마 교수는 2013년 일본에서 베스트셀러가 된 『왜, 우리가 우주에 존재하는가(宇宙になぜ我々が存在するのか)』(김소연 옮김, 2015년)의 저자다. 이현민 교수는 무라야마

교수 연구를 본 직후 심프 연구에 뛰어들었다.

이현민 교수는 "약한 상호 작용을 하는 윔프와는 달리 심프는 다른 심프 입자와 강한 상호 작용을 한다고 생각한다. 심프의 이런 특징은 우주의 미시 구조를 잘 설명한다."라고 말한다.

우리 은하는 원반 모양이다. 회전 방향으로 납작하다. 은하가 '원반 모양'이라고 하는 건, 보통 물질의 은하 내 분포를 기준으로 말한 거다. 암흑 물질의 우리 은하 내 분포는 이와 다르다. 암흑 물질은 보통 물질과는 달리, 은하 중심에 몰려 있지 않다. 은하 중심부터 멀리까지 구 형태로 퍼져 있다. 이 교수는 "심프는 암흑 물질이 왜 구 형태로 퍼져 있는가를 잘 설명한다. 자체 상호 작용이 있으면 은하 중심에 암흑 물질이 몰리지 않는다. 중심 밀도가 차츰 줄어든다. 기존의 윔프 모형은 암흑 물질이 퍼져 있는 현상을 충분히 설명하지 못했던 것과는 다르다."라고 말했다.

이현민 교수는 무라야마 교수의 연구를 발전시켜 '암흑 광자(dark photon)' 이론을 내놓았다. 암흑 물질과 암흑 물질 간에 상호 작용을 매개하는 암흑 광자가 있다는 아이디어다. 광자는 보통 물질 간에 전자기 상호 작용을 매개한다. 이 교수는 암흑 광자와 일반 광자가 상호 작용을 할 수 있고, 이 경우 암흑 물질과 보통 물질이 상호 작용한다고 예측한다. 이현민 교수는 윔프 연구에서 수행했던 모든 계산을 심프 연구에 적용했다. 그 결과 심프 입자가 있다면 그 질량이 1기가전자볼트보다 가볍고, 심프 입자와 보통 물질 간에 상호 작용이 굉장히 약하다고 계산했다.

그는 2015년 심프 모형을 다듬어 내놓았다. 이탈리아 피렌체의 갈릴레오 학회에서 알게 된 이스라엘 부부 물리학자 에릭 쿠플릭(Eric Kuflik)과 요닛 호크베르크(Yonit Hochberg), 그리고 무라야마 교수와 공동 연구를 했다. 두 이스라엘 연구자는 심프 연구 성과를 인정받아 히브리 대학교에서 교수로 일하고 있다. 그리고 심프 모형의 완결판은 2018년 고등 과학원 고병원 교수와 함께 세상에 내놓았다.

이현민 교수는 전자 충돌 실험을 통해 심프를 검출할 수 있다고 생각한다. 전자와 양전자를 충돌시키는 가속기 실험으로 확인 가능하며, 특히 일본 쓰쿠바에 있는 KEK가 하는 '벨 2(Belle 2)' 실험에서 볼 수 있다고 말했다. 심프에 대한 학자들의 논문 인용 횟수는 높지 않다. 하지만 학회에 꾸준히 초청받고 있어 인지도가 좋아졌다.

암흑 물질 연구 내용 관련 이야기는 충분히 들었다. 개인적인 이야기를 물어봐야겠다고 생각했을 때 이현민 교수가 딸과 약속이 있다고 인터뷰를 끝낼 것을 재촉했다. 시간이 2시간이나 지나 있었다. 인터뷰를 황급히 마무리했다. 추가 질문을 나중에 하겠다고 했으나, 그러지 않았다. 암흑 물질 취재는 그렇게 약간의 암흑을 남긴 채 끝났다.

6장 입자 물리학의 세 가지 최전선

고병원

고등 과학원 물리학부 교수

서울 홍릉에 있는 고등 과학원은 처음이다. 물리학부 고병원 교수를 만나기 위해 찾았다. 2019년 3월 봄볕이 따뜻했다. 고병원 교수는 입자 물리학(현상론) 이론가다. 서울 대학교 물리학과 79학번이다. 그에게서 입자 물리학의 전체 풍경에 관한 이야기를 듣기를 기대했다.

　고병원 교수는 입자 물리학의 최전선을 '고에너지(high energy)', '고집속(high intensity)', '우주', 3개라고 소개했다. 고에너지 분야는 입자 가속기를 통한 연구를 말한다. CERN의 입자 가속기 LHC가 고에너지 분야의 최전선이다. 고집속 분야는 반응이 일어날 확률이 매우 낮은 입자를 연구한다. 고병원 교수는 "중성미자와 같은 매우 드물게 검출되는 입자는 아주 많이 만들어야 한다. 그래야 입자를 검출할 수 있다."라고 말했다. 도쿄 대학교의 중성미자 검출기인 카미오칸데(カミオカンデ, KAMIOKANDE)가 고집속이라는 변경 지대를 개척하는 대표적인 관측 장비다. 카미오칸데는 중성미자 검출 관련 연구에서는 세계 최고

다. 노벨상 2개가 이곳에서 나왔다.

입자 물리학이 개척해야 할 세 번째 분야는 우주다. 우주는 천문학자의 영역이 아닐까 생각할 수 있지만 그렇지 않다. 입자 물리학과 우주론은 20세기 후반에 만났다. 이제는 천문학과 물리학의 경계가 뚜렷하지 않다. 초기 우주를 이해하려면 초기 우주의 입자들이 어떤 상호 작용을 했는지 알아야 한다. 초기 우주는 입자 물리학, 천체 물리학, 우주론이 만나는 영역이다.

물리학에는 표준 모형이 두 가지 있다. 입자 물리학 표준 모형과 우주론 표준 모형이다. 입자 물리학 표준 모형은 우주가 무엇으로 만

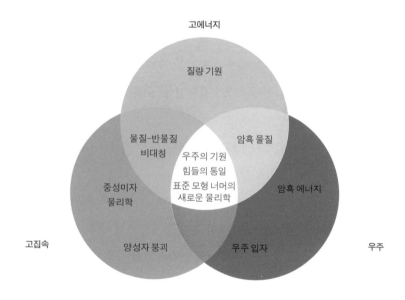

고병원 교수는 입자 물리학의 세 가지 최전선으로 고에너지, 고집속, 우주 분야를 꼽았다.

들어졌는지를 기술하고, 우주론 표준 모형은 우주 시공간이 어떻게 변화해 왔는지를 기술한다.

입자 물리학의 표준 모형은 지난 세기에 완성됐다. 자연을 구성하는 물질과 그들 간의 상호 작용을 설명한다. 기본 물질 입자 12개(쿼크 6개와 경입자 6개)와 힘 입자 4개(광자, 글루온, W·Z 보손), 힉스 입자가 표준 모형에 들어가 있다. 입자 물리학자들은 표준 모형을 완성하기 위해 무진 애를 썼다. 그러나 표준 모형이 설명하지 못하는 현상이 많다. 먼저 중성미자가 왜 질량을 갖는지 설명하지 못한다. 또 물질이 왜 반물질보다 우주에 많은지 모른다. 우주에 있을 것으로 추정되는 차가운 암흑 물질(CDM)의 정체도 규명하지 못했다. 시간이 지날수록 우주의 팽창 속도가 늘어나는 원인으로 추정되는 암흑 에너지도 미스터리다. 21세기 입자 물리학계가 설명해야 할 굵직한 주제들이다.

물리학의 두 번째 표준 모형인 우주론 표준 모형의 이름은 '람다 차가운 암흑 물질', 즉 ΛCDM이다. ΛCDM의 Λ(람다)는 암흑 에너지를, CDM은 차가운 암흑 물질을 말한다. 우주론 연구자는 암흑 에너지로 인해 우주가 가속 팽창하고 있다고 생각한다. 암흑 물질 역시 인류가 정체를 모르는 물질이다. 정체불명인 에너지와 물질이 우주 역사를 결정해 왔고 미래를 써 가고 있다.

고병원 교수는 "2개의 표준 모형을 기반으로 물리학은 새로운 프런티어를 개척해야 한다."라고 말했다. 입자 물리학은 표준 모형 너머 새로운 물리학의 단서인 새로운 입자를 찾아야 하고, 우주론에서는 새로운 관측 데이터가 필요하다. 물리학은 별 상관없어 보이는 두 영역이 통합되면서 큰 그림을 보여 주는 경우가 많았다. 우주론과 입자 물리학 연구가 쌓이고 만나면 자연을 이해할 수 있는 돌파구를 마련할 수 있을 것이라고 기대하고 있다.

한국 입자 물리학계의 연구 동향에 대해 물었다. 고병원 교수는 암흑 물질 이야기를 가장 먼저 꺼냈다. "한국은 암흑 물질을 많이 연구한다. 서울 대학교에 계셨던 김진의 교수가 암흑 물질 후보의 하나인 액시온 연구를 한 영향이 크다." 고병원 교수 본인도 지난 10년간 암흑 물질 연구에 매진해 왔다.

1990년대 세계적으로 초대칭 이론을 많이 연구했다. 초대칭 이론은 표준 모형이 설명하지 못하는 물리 현상을 설명하기 위해 도입됐다. 초대칭 이론은 초대칭 입자를 가정한다. 특정한 물리적 성질을 가진 초대칭 입자가 있다고 가정하면 풀리는 문제들이 있다. 그래서 그것을 LHC에서 찾도록 주문했다. 유감스럽게도 예상한 에너지 범위에서 초대칭 입자가 발견되지 않았다.

입자 물리학의 또 다른 주요 분야인 양자 색역학(quantum chromodynamics, QCD) 연구는 고려 대학교를 중심으로 많이 한다. 고려 대학교 최준곤, 이정일 교수, 그리고 고려 대학교에서 공부한 김철 서울 과학 기술 대학교 교수가 QCD 연구자다. QCD는 강한 상호 작용, 즉 강력을 설명하는 이론이다. 양성자나 중성자를 이루는 쿼크라는 기본 입자가 있다. 쿼크들은 서로 잡아당기는 상호 작용을 한다. 이 상호 작용을 강력이라고 한다. 쿼크들은 글루온이라는 힘 입자를 교환하면서 서로 잡아당긴다.

강력이 있기에 양성자들이 원자핵 안에 따닥따닥 붙어 있을 수 있다. 양성자는 전기적으로는 양성이기에, 전기력만 생각하면 양전기를 띤 양성자들은 서로 밀어내야 한다. 하지만 양성자들이 서로 밀어내는 전기력보다, 양성자 안에 들어 있는 쿼크들 사이에 작용하는 강력의 서로 끌어당기는 힘이 더 강하기에 양성자들은 서로 붙어 있다. 강력은 우주에 있는 네 가지 힘 중 하나다. 인류는 전자기력을 가장 먼저 발견하고 이해했고, 그다음 약력을, 그리고 강력을 발견하고 이해했다. 중력은 아직 제대로 이해하지 못하고 있다. 양자 세계에서 작동하는 중력의 법칙, 즉 양자 중력 이론을 찾지 못했다. 고병원 교수는 "QCD는 지금까지 발견된 이론 중에서 가장 완벽하다. 쿼크와 글루온의 상호 작용이 약할 때는 체계적인 근사를 통해 중력을 기술하는 게 가능하다. 하지만 쿼크와 글루온의 상호 작용이 강할 때는 이해하지 못하는 부분이 많다."라고 말했다.

쿼크와 글루온의 강한 상호 작용을 이해하는 방법 중 하나가 격자 게이지 이론(lattice gauge theory)이다. 1974년 케네스 윌슨(Kenneth Wilson, 1982년 노벨 물리학상 수상)이 제창한 후 눈부신 발전을 이루어 왔다. 아쉽게도 한국은 물리학 선진국에 비해 이 분야 연구자가 매우 적다. 김세용 세종 대학교 교수와 이원종 서울 대학교 교수가 격자 QCD 연구자다. 끈 이론(string theory)에서도 상호 작용이 강한 게이지 이론을 이해하는 것이 중요하다. 끈 이론은 자연이 진동하는 아주 작은 끈으로 이뤄졌다고 본다. 국내 일부 연구자가 끈 이론 연구를 한다.

고병원 교수는 "입자 물리학은 실험과 이론이 경쟁하면서 발전해 왔다."라며 한국에는 실험 시설이 부족하다고 아쉬워했다. 과거보다는 많이 좋아졌지만, 여전히 아쉽다는 이야기였다. "한국에도 페르미 연구소와 같은 시설이 만들어진다면 물리학이 도약할 수 있을 것이다."라고 했다. 그는 특히 저에너지 가속기 건립을 주장했다. 저에너지 가속기는 입자 물리학이 개척해야 할 3대 최전선 중 고집속 영역의 연구 도구다. 고에너지 영역에 속하는 고에너지 가속기는 미국과 유럽, 일본이 잘하고 있어 한국이 비집고 들어가기 힘들다.

일본의 중성미자 실험은 도쿄에서 북쪽으로 100킬로미터쯤 떨어진 일본 양성자 가속기 연구 시설(Japan Proton Accelerator Research Complex), 즉 제이파크(J-PARC)에서 한다. 이곳에서 중성미자를 만들고, 300킬로미터 떨어진 가미오카로 쏜다. 가미오카에 있는 지하 검출기, 즉 카미오칸데에서 중성미자를 검출한다. 이 중성미자들은 한국을 통과한다. 때문에 한국에 중성미자 검출기를 하나 더 설치하자는 '한국 중성미자 관측소' 안을 우리나라의 물리학자와 천문학자 일부가 강력히 원하고 있다. 한국에 설치하면 자연 조건상 일본의 검출기보다 유리한 점이 있다. 대구 인근의 비슬산이 후보지로 거론되고 있다.

고병원 교수는 대학원 석사까지는 서울 대학교 물리학과에서 공부했다. 박사 학위는 미국 시카고 대학교에서 했다. 1986년에 유학을 떠나 K 중간자(K meson)를 연구했다. K 중간자는 쿼크 2개(스트레인지 쿼크와 업 쿼크)로 된 입자다. 「K 중간자의 희귀 붕괴에서의 CP 대칭성 깨짐 연구(Role of vector mesons in rare kaon decays)」가 박사 논문 내용이다. 또한 강한 상호 작용을 하는 입자를 많이 공부했다.

1991년 박사 학위를 받은 후 미국 미네소타 주립 대학교에서 박사 후 연구원으로 일하며 강한 상호 작용과 관련한 입자를 꾸준히 연구했다. J/Ψ 입자(J/ψ meson, 제이/프시 중간자, 참 쿼크와 그 반물질로 이루어진 중간자)라고 불리는 무거운 입자를 포함한 무거운 쿼코늄(quarkonium, 쿼크와 그 반쿼크로 구성된 중간자) 현상론을 연구했다. J/Ψ 입자와 쿼코늄은 일반인에게는 매우 낯선 용어들이다.

1994년 한국에 돌아와 홍익 대학교 교수로 일했고, 1997년부터는 카이스트 물리학과 교수로 일했다. 카이스트에서 8년간 일하고 2005년 고등 과학원으로 옮겨 왔다. 그는 "고등 과학원으로 오고 조금 지난 2008년부터 암흑 물질 연구를 시작해 지금까지 관련 연구를 하고 있다."라고 말했다. 자신의 학문 연구 궤적은 강입자 물리학, CP 대칭성 깨짐과 초대칭 이론, 암흑 물질 연구라는 3단계로 나눠 볼 수 있다고 했다.

고병원 교수의 암흑 물질 연구는 두 가지로 이야기할 수 있다. '암흑 QCD 모형'과 '암흑 힉스 입자 이론'이다. 암흑 QCD 모형 논문은 2011년 《피지컬 리뷰 레터스》에 실렸다. 《피지컬 리뷰 레터스》는 미국 물리학회가 발행하는 입자 물리학계의 학술지다. 입자 물리학자들은 전통적으로 《피지컬 리뷰 레터스》에 논문이 실리는 것을 최고의 영예로 생각해 왔다.

'암흑 QCD 모형'은 암흑 물질의 질량이 생기는 메커니즘을, 보통 물질인 양성자 질량이 생성되는 QCD 모형과 같은 방법으로 설명한 것이다. "다른 이들은 콜먼-와인버그 모형이라는 걸로 질량이 생기는 것을 설명했지만, 나는 다르게 접근했다. 새로운 강한 상호 작용을 통해 새로운 쿼크와 반쿼크가 결합하면 암흑 물질이 만들어질 수 있다. 이 모형은 보통 물질을 설명하는 QCD와 아주 비슷하다. 핵심이 같다."라고 설명했다. 이 이론에서 출발해 새로운 암흑 물질 후보로 심프를 제안했다. 이론의 완결판은 이현민 중앙 대학교 교수 등과 함께 2018년에 발표했다. 암흑 물질 연구에 대한 그의 설명은 이해하기 힘들었다. 그래도 그의 말을 옮겨 본다.

'암흑 힉스 입자 이론'은 2014년 연구다. 암흑 물질 2개가 만나면 에너지로 변하며 사라진다. 이런 것을 쌍소멸이라고 한다. 학자들은 암흑 물질 입자 둘이 쌍소멸하면 표준 모형 속 입자로 변할 것이라고 생각한다. 그의 연구는 표준 모형 입자로 바로 변하지 않고, 암흑 힉스 입자 2개로 먼저 변한다는 내용이다.

"입자 가속기에서도 암흑 힉스 입자가 중요하다. 나와 연구자 몇 사람이 이론적으로 그것을 처음으로 연구를 했다. 가속기를 이용한 암흑 물질 탐색에 있어 표준 모형의 힉스 입자 외에도 암흑 힉스 입자가 중요한 역할을 한다고 제안했다."

고병원 교수는 이 연구로, 2016년과 2017년 네덜란드 암스테르담과 미국 캘리포니아 대학교 어바인 캠퍼스에서 열린 'LHC에서의 암흑 물질' 워크숍에 초청받았다. 그리고 아시아 학자로 유일하게 초청 강연을 했다. 그는 "힉스 입자와 암흑 물질의 상호 작용 연구에 중요한 기여를 했다고 생각한다."라고 말했다.

고병원 교수는 하루를 논문 프리프린트 사이트를 방문하며 시작한다. 전 세계 물리학자들이 이 사이트에 자신의 연구 결과를 올린다. "입자 물리학계는 경쟁이 심하다."라면서 "소장파 학자들과 오늘도 치열하게 연구 경쟁을 벌이고 있다."라고 말했다.

그는 어려서부터 물리학을 공부하고 싶었다. 서울 대학교 물리학과 79학번 동기가 서울 대학교 물리학과의 김수봉, 강병남, 안경원 교수와 한양 대학교 신상진 교수다.

고등 과학원은 미국 프린스턴 고등 연구소(IAS)를 본떠 만들어졌다. 한국의 기초 과학 수준을 끌어 올리기 위해 1996년에 생긴 순수 이론 연구 기관이다. IAS는 알베르트 아인슈타인(Albert Einstein)과 쿠르트 괴델(Kurt Gödel) 같은 전설적인 물리학자, 수학자가 연구하던 곳이다. KIAS 연구자도 학생을 가르치는 부담 없이 연구에만 집중한다. 수학, 물리학, 계산 과학부 등 3개 학부 소속 연구자들이 있다. 미국 프린스턴 고등 연구소의 전설을 듣고 찾아갔던 한국의 고등 과학원 주변 환경은 조금 실망스러웠다. 한국 최고의 과학 두뇌에게 자연의 비밀을 알아내기 위해 사색할 수 있는 여유를 줄 수 있는 공간으로는 보이지 않았다.

2부

지구 최대의 과학 실험을 수행하는 물리학자들

7장 차세대 입자 충돌기, 꼭 만들어야 한다

김영기
시카고 대학교 물리학과 교수

미국 물리학회 2024년 회장, 미국 물리학회 입자 물리학 분과 위원장(2020년), 미국 페르미 국립 가속기 연구소 부소장(2006~2013년), 미국 시카고 대학교 물리학과 학과장(2016년~), 페르미 연구소 테바트론 CDF 그룹 공동 대표(2004-2006년), ……·.

　입자 실험 물리학자 김영기 시카고 대학교 교수의 이력 한 줄 한 줄에 입이 쩍 벌어진다. 페르미 연구소가 어떤 곳인가, 세계 최고의 고에너지 물리학 연구소 중 하나다. 2008년 유럽에 LHC가 건설되기 전까지 세계 입자 물리학 실험을 호령했다. 페르미 연구소가 1972년부터 가동, 운영했던 입자 가속기 테바트론이 그 핵심 실험 시설이었다. 기본 입자인 보텀 쿼크(bottom quark, 1977년), 톱 쿼크(top quark, 1995년)를 줄줄이 발견하며, 입자 물리학 표준 모형의 빈 칸을 하나하나 메워 간 곳이다. 소설『무궁화꽃이 피었습니다』를 읽은 독자라면 주인공 이휘소 박사가 페르미 연구소에서 이론 물리학 그룹의 책임자(1971~1977

년)로 일했음을 기억할 것이다.

김영기 교수가 학과장으로 일하는 시카고 대학교는 미국 중서부 지역 최고 명문 대학 중 하나다. 물리학자에게 시카고 대학교는 엔리코 페르미(Enrico Fermi)라는 이탈리아계 미국 물리학자가 1942년 12월 2일 세계 최초의 원자로 CP-1(Chicago Pile-1) 가동에 성공한 곳으로 기억되기도 한다.

김영기 교수는 2019년부터 3년간 카이스트 초빙 특훈 학자(visiting distinguished scholar)로 일했다. 첫해에는 서울과 대전을 오가며 장기간 머물렀다. 시카고 대학교 여름 방학 때에 짬을 낸 것이다. 이때 카이스트는 '미래 입자 가속기' 워크숍을 2주간 열었다. 이때 나는 처음 그를 만났다. 하지만 2020년과 2021년에는 코로나19 대유행으로 김 교수는 한국에서 일을 할 수 없었다. 2020년 말에 잠시 고령인 어머니를 만나러 왔을 뿐이다. 온라인 비대면 회의 앱인 '줌(ZOOM)'을 통해 나는 당시 김영기 교수와 인사를 주고받았다.

김영기 교수는 겸손하고 소탈하다. 자신이 어떤 사람이다 하는 느낌을 주지 않는다. 경상북도 경산 출신으로 고려 대학교 물리학과 80 학번이다. 2019년 대전 카이스트 워크숍 현장에서 처음 만났을 때는 수인사만 했다. 다시 본 것은 며칠 뒤 서울 ㈜사이언스북스 출판사에서 열린 대중 강연에서다. 김영기 교수는 "양파 같은 원자, 물리학과 여자"라는 제목으로 강연했다. 그는 강연에서 "입자 물리학은 세 가지를 알고자 한다. 세상은 무엇으로 만들어졌나? 이 세상에서 가장 작은 입자는 무엇일까? 우리는 어디에서 왔으며, 왜 여기에 있나?

하는 질문에 대한 답을 찾고 있다."라고 말했다.

원자핵은 여러 층을 가진 양파와 같다. 물리학자들은 물질을 이루는 기본 알갱이가 무엇인지를 알기 위해 양파 껍질 까듯이 원자핵을 까고 또 깠다. 껍질 까는 도구는 입자 가속기다. 김영기 교수는 충돌에너지가 높은 입자 가속기가 있는 곳을 찾아다니면서 연구를 했다. "고대 그리스의 아리스토텔레스(Aristoteles)는 더 많이 알수록, 모르는게 더 많다는 걸 알게 된다고 말했다. 오늘날 입자 물리학자는 자연에 대한 설명으로 '표준 모형'을 내놓았다. 하지만 표준 모형은 완전하지 않다. 우리는 완전한 이론을 찾아야 한다. 더 성능이 좋은 입자 가속기가 필요하다." 그는 "양파 까기와 같은 입자 물리학의 탐구는 언제 끝날까? 끝이 있기는 할까?"라고 질문을 던지며 강연을 마쳤다.

다시 대전 워크숍 현장을 찾아 김영기 교수를 세 번째 만났다. 이때는 본격적으로 시간을 얻어 이야기를 들을 수 있었다. 미래 입자 가속기 워크숍은 시작한 지 1주일이 넘었음에도 열기가 식지 않았다. 이날 김영기 교수는 오전 일정이 끝난 뒤 워크숍 장소 옆에 있는 카페에서 죽으로 점심을 때우며 나의 질문에 답했다.

먼저 어떻게 성공했는지 물었다. 아시아계 여성 연구자가 미국에서 성공하기란 쉽지 않다. 그 비결이 무엇일까? 대답은 모호했다. "답하기 어렵다. 잘 모르겠다." 그는 자기 자랑을 하는 사람이 아니었다. "긍정적으로 생각하며 살아왔다. 누가 나를 좋지 않게 이야기해도 그런 건 잘 기억하지 않는다. 앞만 보며 살아왔다. 그게 좋았다."

김영기 교수의 주요 경력을 살펴보자. 1990년 미국 뉴욕 주 로체스터 대학교에서 박사 학위를 받았다. 1996년 캘리포니아 대학교 버클리 캠퍼스 조교수로 채용되었고 2002년 정교수가 되었으며 2003년에는 시카고 대학교로 자리를 옮겼다. 2004년 페르미 연구소 입자 충돌 탐지 실험(CDF) 공동 대표를 맡았고, 2006년부터 2013년까지 페르미 연구소 부소장으로 일했다. 2016년에는 시카고 대학교 물리학과 학과장이 되었다.

김영기 교수는 특히 페르미 연구소와 인연이 깊다. 박사 학위를 받은 1990년부터 페르미 연구소에서 실험을 하기 시작해 23년간 일했다. 2004년 페르미 연구소 CDF 실험 공동 대표로 선출되면서는 한 사람의 뛰어난 실험 물리학자에서 미국 입자 물리학 커뮤니티 지도

시카고 외곽 버테이비아에 있는 페르미 연구소 전경. 뒤쪽 원 모양 구조의 지하에는 입자 충돌기 테바트론이 있었다. 김영기 교수는 페르미 연구소에서 1990년부터 2013년까지 일했다. 페르미 연구소 제공 사진.

자로 발돋움했다.

CDF 실험은 페르미 연구소 내 2대 입자 검출 실험 그룹 중 하나다. 공동 대표로 일할 당시 600명의 과학자, 엔지니어로 구성돼 있었다. CDF는 연구 그룹 이름이자, 입자 검출기 이름이다. 6.8킬로미터 원형으로 생긴 테바트론에는 입자 검출기 2개가 설치되어 있는데 이 두 입자 검출기가 CDF와 DZero이다. 이중 CDF가 먼저 가동되었다. CDF 그룹은 2년 임기의 공동 대표 2명이 이끌며, 대표는 팀원의 투표로 선출된다. 아시아계 여성 물리학자가 어떻게 그들의 리더로 뽑힐 수 있었을까?

"실험하고 데이터를 분석할 때 다른 연구자들을 잘 도왔다. 내 연구도 하면서 다른 사람 연구에 관심을 갖고 이끌어 주니 사람들이 나를 좋아했다. 그래서 주위에서 나를 대표로 추천했다." 결과적으로 김영기 교수는 100명 이상이 참가하는 입자 물리학 실험에서 대표로 선출된 첫 번째 여성이 되었다. 김영기 교수 이후에도 CDF 실험 대표에 여성이 선출된 적은 없다. 페르미 연구소의 입자 충돌기 테바트론은 CERN이 새로 만든 강력한 입자 충돌기에 밀려 2011년 폐쇄됐다. 이에 따라 CDF 그룹도 해산했다.

김영기 교수에게 세계 입자 물리학계의 큰 이슈를 물었다. 그는 "다음 입자 가속기는 무엇이 되어야 하는지를 정해야 한다. 입자가 말하는 자연의 이치, 그 이야기를 들어야 한다. 그러기 위해서는 차세대 입자 가속기가 필요하다."라고 말했다.

힉스는 입자에 질량을 부여하는 입자다. 이론 물리학자 피터 힉스

(Peter Higgs)가 1964년 힉스 입자가 있어야 한다고 주장했고, 2012년 CERN의 입자 가속기 LHC에서 확인했다. 입자 물리학자들은 힉스 입자를 정밀히 조사하면 지금 입자 물리학이 설명하지 못하는 것도 알아낼 수 있다고 본다. 김영기 교수 역시 힉스 입자를 정밀하게 연구해야 한다는 데 공감했다.

차세대 입자 충돌기는 현재 입자 물리학 커뮤니티의 최대 이슈다. 김영기 교수도 그런 맥락에서 2019년 대전에서 '미래 입자 가속기' 워크숍을 열었다. 중국은 100킬로미터 길이의 원형 입자 가속기(Circular Electron Positron Collider, CEPC)를 검토하고 있고, 일본은 당시 길이 30~50킬로미터의 국제 선형 충돌기(International Linear Collider, ILC) 유치에 의욕을 보였다. 유럽은 100킬로미터 길이의 미래 원형 충돌기(Future Circular Collider, FCC)와 11~50킬로미터 규모의 선형 충돌기(Compact Linear Collider, CLIC)를 논의하고 있다. 카이스트 워크숍에서 일본과 중국, 유럽의 구상을 각 기관 소속 연구자들로부터 직접 들을 수 있었다. 중국의 경우, 중국 과학원 고에너지 물리학 연구소(Institute of High Energy Physics, IHEP)의 왕이팡(王貽芳) 소장이 참석했다.

김영기 교수는 아시아 지역만 놓고 보면 미래가 잘 보이지 않는다고 말했다. "유럽은 여러 나라가 협력해 입자 물리학이 향후 어디로 가야 하는지 계획을 짠다. 2018년 9월 유럽 고에너지 커뮤니티에서 향후 7년간 무엇을 할 것인지 논의를 시작했다. 그때 나도 스페인 그라나다에서 열린 행사에서 발표했다. 미국은 2020년부터 10년짜리 계획을 수립한다. 미국 물리학회 입자 물리학 분과 위원장이 하는 일

중의 하나다. 그런데 아시아는 무엇을 하고 있는지 모르겠다."

입자 물리학 실험은 국제적이다. 한 나라 힘으로는 할 수 없는 규모다. 김영기 교수는 "아시아도 계획이 있었으면 좋겠다."라며 "아시아 국가 간의 협력은 말할 것도 없고 개별 국가 차원에서도 큰 그림을 가지고 있는 나라가 별로 없다. 중국은 베이징 고에너지 물리학 연구소 차원의 계획은 있으나 국가 차원의 전체 그림은 없다. 인도는 아무 계획이 없다. 한국은 여러 실험을 하고 있는데 조금 더 잘 보이게 활동하면 좋겠다. 밖에서는 한국이 무엇을 하는지 모른다. 한국의 입자 물리학계도 자기 목소리를 내야 한다. 반면 일본은 잘하고 있다."라고 말했다.

중국은 차세대 입자 충돌기 계획을 CEPC라고 부른다. CERN의 차세대 입자 충돌기 FCC와 마찬가지로 중국도 100킬로미터 길이의 원형 가속기 건설을 진지하게 검토하고 있는 것이다. 중국이 자체적으로 큰 입자 물리학 실험을 할 수는 없나 궁금했다. 김영기 교수는 "중국에는 인력이 없다. 대형 입자 가속기를 짓기 위한 기술은 세계 고에너지 물리 커뮤니티에 흩어져 있다. 입자 충돌기를 지으려면 다른 나라 과학자에 의존할 수밖에 없다. 예를 들면 가속기에 들어가는 초전도 자석 기술은 미국 과학자들에게 있다. 때문에 글로벌 협력을 통해서만 건설이 가능하다."라고 말했다. 이어서 그는 "설령 혼자 지을 수 있다 하더라도 다른 나라가 그 시설을 이용하는 실험에 참여하지 않는다면, 그 시설이 무슨 의미가 있느냐."라고 반문했다. 김영기 교수는 카이스트 워크숍에 참석한 중국과 일본, 한국 물리학자들과 얘기를 나눴다. 그러나 현 단계에서는 아시아 차원의 큰 그림을 세우고 한 목소리를 낸다는 것이 힘들다는 걸 재확인했다. "아시아 상황은 복잡하다. 한국, 중국, 일본 사이에 미묘한 분위기가 있다. 일단은 협력을 위한 분위기를 만들어 가는 것이 중요하다."

그는 입자 물리학 실험이 얼마나 커지고 있는지를 자신이 참여했던 실험으로 비교했다. 그는 미국에서 박사 과정을 밟을 때 일본 고에너지 연구소의 트리스탄(TRISTAN) 가속기를 이용한 AMY 실험에 참여했다. 이 결과로 로체스터 대학교 박사 논문을 썼다. 이때 AMY 그룹은 4개 나라에서 온 60명이 고작이었다. 미국 페르미 연구소 CDF 실험은 처음에는 300명이었고 나중에는 600명으로 커졌다. 그가 현재 참여하고 있는 CERN의 아틀라스 실험 그룹은 3,000명 규모다. 고에너지 물리 실험의 크기가 20~30년 동안 엄청나게 커졌다. '빅(big) 사이언스'가 계속해서 커지고 있는 것이다.

일본은 지금까지 단독으로 가속기를 만들지 않았냐고 묻자 김영기 교수는 이렇게 답했다. "가속기를 단독으로 짓는다 해도 실험은 일본 물리학자만으로는 해낼 수 없다. 일본에 슈퍼 KEKB 실험이 있다. 2018년부터 본격 가동했고, 전자와 양전자 충돌기다. 여기 설치된 입자 검출기 팀 내 인적 구성을 보면, 일본 사람은 20~30퍼센트밖에 안 된다. 일본이 중성미자 진동(neutrino oscillation)을 측정하는 실험인 T2K 실험에서도 일본 연구자는 소수다." (T2K는 Tokai to Kamiokande의 약어다. 일본 쓰쿠바 도카이무라에 있는 J-PARC 가속기에서 만들어 보내는 중성미자를 295 킬로미터 떨어진 기후 현 가미오카에 있는 슈퍼 카미오칸데에서 검출하는 실험이다.)

한국과 일본의 갈등으로 양국 과학 커뮤니티의 협력에 차질이 있지는 않을까? 김영기 교수는 "과학에는 국경이 없다. 이럴 때일수록 양국 과학계는 협력과 소통을 강화해야 한다."라며 페르미 연구소를 예로 들었다. "20세기 중후반 냉전 시대에도 페르미 연구소는 러시아 과학자를 초청했다. 러시아 과학자와 그 가족이 시카고에 와서 지냈다. 물론 러시아 정보 기관 요원들이 감시하기는 했을 것이다. 어려운 정치적 상황 속에서도 과학은 돌아갔다. 과학자가 할 수 있는 일이 많다고 생각한다."

김영기 교수는 일본 KEK 과학 자문 위원회 위원장을 맡고 있다. 양성자 가속기를 운영하는 일본 J-PARC 국제 자문 위원회 위원으로도 일한 바 있다.

미국 페르미 연구소 부소장 시절 중성미자 연구를 위한 LBNF/DUNE 실험을 기획했다. 2006년 부소장이 되었을 때 당시 피에르마리아 호르헤 오도네(Piermaria Jorge Oddone) 소장으로부터 부여받은 임무가 페르미 연구소의 차기 실험 기획이었다. 페르미 연구소가 자랑하던 입자 충돌기 테바트론은 2008년 LHC가 가동하면 폐쇄될 운명이었다. 김영기 부소장이 2008년에 내놓은 계획은 중성미자를 생산하는 가속기(LBNF)와 중성미자를 검출하는 검출기(Deep Underground Neutrino Experiment, DUNE)를 3조 원을 들여 짓는 것이었다. 일본이 짓기 시작한 차세대 중성미자 실험인 하이퍼 카미오칸데(Hyper Kamiokande)가 있다. 하이퍼 카미오칸데와 미국 LBNF/DUNE 실험과의 차이를 물었다. "미국과 일본은 검출기 기준이 크게 다르다. 일본은 기존 기술을 사용하고, 미국은 완전히 새로운 기술을 사용한다. 중성미자 에너지도 다르다. 그렇기 때문에 두 실험은 보완적이다. 한국도 하이퍼카미오칸데 실험에 참여해 검출기 1대를 한국에 설치하는 것을 논의하고 있는 것으로 알고 있다."

미국 물리학자들의 모임은 회장단이 조직되고 일하는 방식이 독특했다. 입자 물리학회의 경우 부회장으로 선출되면, 부회장은 다음 해에는 차기 회장으로 일하고, 그다음 해에는 회장으로, 그다음 해에는 전임 회장으로 일한다. 내리 4년을 직책을 바꿔 가며 일한다. 김영기 교수는 2019년 미국 입자 물리학회 부회장, 2020년 입자 물리학회 차기 회장, 2021년 입자 물리학회 회장, 2022년 입자 물리학회 전임 회장으로 봉사한다. 김 교수는 "부회장, 차기 회장, 회장, 전임 회장 네 사람이 일을 나눠 협력해서 일하는 시스템"이라고 설명했다. 미국 물리학회도 마찬가지다. 그는 2021년 미국 물리학회 부회장으로 선출되었기에, 2022년 부회장, 2023년 차기 회장, 2024년 회장, 2025년 전임 회장으로 일한다.

미국 입자 물리학회가 미국 정부와 입자 물리학의 미래를 같이 준비하는 방식이 흥미로웠다. 미국 입자 물리학회에게 2019년은 입자 물리학의 미래를 위한 10년 단위 실험 기획 논의를 시작하는 해였다.

김영기 교수는 입자 물리학 커뮤니티가 필요로 하는 실험과 시설이 무엇인지 큰 그림을 그리고 미국 에너지부에 보고서를 제출해야 한다. 에너지부는 15명 안팎의 관련 위원회를 구성하고 보고서를 검토한 뒤 입자 물리학계와 상의해 우선 순위를 둔 사업 추천 보고서를 마련한다. 그리하여 어떤 '빅 사이언스'를 추진해야 하는지를 결정하고, 프로젝트를 밀고 나간다. 백서만 만들고 현실에 반영하지 않는 한국과는 다른 모습이었다.

세계 입자 물리학계에서 우뚝 선 한국 출신 여성 리더 김영기 박사. 한국 물리학이 낳은 최고의 스타를 만나 오래 이야기를 들을 수 있었던 즐거운 시간이었다. 인간미도 넘치고, 소박하고.

8장   그 많던 반물질은 어디로 사라졌나?

권영준
연세 대학교 물리학과 교수

권영준 연세 대학교 물리학과 교수는 일본 입자 물리학 실험인 벨 실험의 대표(spokesperson)다. 벨 실험은 일본 이바라키 현 쓰쿠바에 있는 KEK에서 진행됐다. 벨 실험은 1999년에 시작됐다. 일본 정부가 자국의 물리학자에게 노벨상을 주기 위해 시작한 프로젝트라는 말도 있었다. 고바야시 마코토(小林誠)와 마스카와 도시히데(益川敏英)는 1973년 'CP 대칭성이 있으려면 쿼크 6개가 있어야 한다.'라고 주장하는 논문을 썼다. 두 사람의 이론을 입증하기 위해, 벨 실험은 CP 대칭성 깨짐이 B 중간자에서 일어나는지를 확인하려 했다.

　한국을 포함해 20여 나라에서 물리학자 450명이 벨 실험에 참여했다. 입자 충돌기 KEKB에서 나온 입자들을 검출기를 통해 확인했다. 당초 예상한 결과가 2001년에 나왔다. 그 덕분에 일본 물리학자 두 사람은 2008년 노벨 물리학상을 받았다. 정부가 기초 과학에 투자해야 노벨상이 나온다는 것을 보여 준 사례다.

권영준 교수는 "대표 임기는 2년이다. 입자 검출기는 2010년 멈췄으나, 그간 쏟아 낸 데이터를 가지고 연구가 계속 진행 중이다. 후속 실험인 벨 2도 가동에 들어갔다."라고 말했다.

CP 대칭성 깨짐 현상은 우주 미스터리를 풀기 위한 실마리 중 하나다. 미스터리란, 우주에 물질이 왜 존재하는가다. 물리학자들은 태초에 물질과 반물질이 동시에 똑같은 양으로 만들어졌다고 생각한다. 반물질은 물질과 다른 것은 모두 똑같으나 전기 부호만 다르다. 물질과 반물질은 쌍으로 생기기 때문에 '쌍생성'이라고 한다. 매우 높은 에너지는 물질과 반물질로 바뀔 수 있다. 쌍생성이 가능하다. 그런데 지금의 우주는 쌍생성한 두 종류 물질 중 반물질은 사라졌고 물질만 남았다. 왜 그런 일이 일어났는지가 물리학자가 풀어야 할 '빅 퀘스천(big question)'이다.

CP 대칭성 깨짐이라는 용어를 살펴보자. C는 영어 charge(전하)의 첫 글자이고, P는 parity(반전성, 홀짝성)의 첫 글자다. C가 전하이니 C 반전은 입자의 전하를 바꾸는 것을 뜻한다. 양전하는 음전하로, 음전하는 양전하로 바꾼다. P 반전은 입자를 '거울 속 세상'에 집어넣는 것과 비슷하다. 거울 속 세상은 거울 밖 세상과 좌우가 바뀌어 있다. 거울 속과 거울 밖을 오가는 게 P 반전이다. CP 반전은 두 상황이 한꺼번에 일어나는 것이다. 이런 경우 대칭성이 유지되지 못하고 물리 법칙이 달라지는 현상을 CP 대칭성 깨짐이라고 한다.

CP 대칭성 깨짐이 물질, 반물질 대칭과 어떻게 관련 있는지 이해하기는 개인적으로 힘들었다. 나는 다만 C 대칭이 깨진다면 물질과 반물질 수가 같지 않겠다는 것은 짐작할 수 있었다. 한쪽 전하를 가진 물질이 우주에 더 많이 남는 결과가 될 것이기 때문이다.

벨 실험 협력단(Belle Experiment Collaboration)은 1994년 일본 정부에 실험의 필요성을 강조한 의향서를 제출했다. 의향서를 읽어 보니 CP 대칭성 깨짐을 좀 더 알 수 있을 것 같다. 의향서는 벨 실험을 해야 하는 이유를 다음과 같이 정리했다.

"우주를 이해하는 데 풀리지 않은 주요 이슈는, 물질과 반물질이 대칭인 빅뱅으로부터, 어떻게 물질만 가지고 있는 현재의 우주로 진화하게 되었을까 하는 것이다. 자연 법칙은 물질과 반물질 사이에서 높은 정도의 대칭을 갖고 있다. 소위 CP 대칭성 깨짐이라는 것은 K 중간자의 붕괴에서 일부 효과가 작게 보일 뿐이다. CP 대칭성 깨짐 효과는 우주 진화에 주요한 역할을 해 온 게 분명하다. CP 대칭성 깨짐을 실험으로 확인하려는 최초의 노력은 30년 전에 있었으나, 우리는 그게 어떻게 일어나는지 모른다. 1973년 고바야시와 마스카와가 쓴 놀라운 논문은 적어도 쿼크가 6개의 '플레이버(flavor, 맛깔)'를 갖고 있다면 (입자 물리학의) 표준 모형이 CP 대칭성 깨짐을 수용할 수 있다고 말했다. 6개는 당시 알려진 쿼크의 '플레이버' 숫자보다 2배 많은 수였다. B 중간자에서 CP 대칭성 깨짐이 관측된다면 이는 고바야시-마스카와의 모형이 옳다는 것을 극적으로 확인하는 게 될 것이다."

권영준 교수는 물질의 기원을 연구하는 플레이버 물리학자이다. 쿼크 중 하나인 보텀 쿼크를 25년 이상 연구해 왔다. 원자핵 안에는 양성자와 중성자가 들어 있고, 양성자와 중성자 안에는 쿼크가 3개

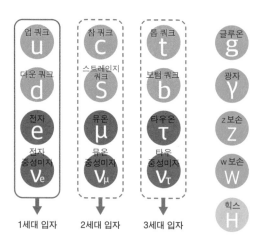

업 쿼크
u

다운 쿼크
d

전자
e

전자
중성미자
Ve

참 쿼크
c

스트레인지
쿼크
S

뮤온
μ

뮤온
중성미자
Vμ

톱 쿼크
t

보텀 쿼크
b

타우온
τ

타우
중성미자
Vτ

글루온
g

광자
Y

z 보손
Z

w 보손
W

힉스
H

1세대 입자   2세대 입자   3세대 입자

표준 모형은 크게 물질을 구성하는 주된 입자 12개와 힘을 매개하는 입자 4개 그리고 질량과 관계된 힉스 입자가 있다. 6개의 쿼크와 6개의 렙톤은 다시 3세대로 구분되며, 1세대에서 3세대로 갈수록 질량이 커지는 특성을 보인다.

씩 들어 있다. 물질을 이루는 입자는 모두 12개인데, 이중 쿼크는 6종류다. 물질 입자들은 세대(generation) 구조를 가지고 있다. 1세대, 2세대, 3세대 입자가 있다. 가령, 1세대 입자에 속하는 쿼크는 업 쿼크, 다운 쿼크다. 1, 2, 3세대를 구분하는 것을 '플레이버'라고 한다. 입자들의 3세대 구조를 연구하는 것이 플레이버 물리학이다.

"입자에 플레이버가 왜 있는지, 플레이버가 왜 생겼는지, 플레이버 간에 어떤 대칭성이 존재하는지 혹은 존재하지 않는지가 풀리지 않는 문제다. 플레이버가 생기는 근본 원인을 알 수 있다면 지금까지 몰랐던 더 심오한 물리 법칙을 알아낼 수 있는 게 아닌가 생각한다." 이어 그는 "박사 학위를 받은 뒤부터 이 문제를 풀려고 했다. 25년 이상 같은 문제를 고민하고 있다. 플레이버 물리학의 성배, 즉 학자들이 원하는 최고의 성과는 CP 대칭성 깨짐 규명이다. 물질의 기원을 알아내는 것이다."라고 말했다.

그러면 왜 보텀 쿼크인가? 쿼크에는 모두 6종이 있다. 플레이버 물리학 연구자들이 왜 보텀 쿼크를 파고들었을까? 여기에는 짧은 물리학 역사 공부가 필요하다. 물질의 기원에 보텀 쿼크가 일부 열쇠를 갖게 된 역사다.

권영준 교수는 소위 'B 공장(factory)' 실험 3개에 참여해 왔다. B는 보텀 쿼크가 포함된 입자인 B 중간자를 가리키며, B 공장은 B 중간자를 대량으로 만들어 내는 가속기 시설이다. 그가 참여해 온 B공장 실험은 클레오(CLEO) 실험, 벨 실험, 벨 2 실험이다.

클레오 실험은 미국 뉴욕 주 코넬 대학교에 있었던 입자 가속기 CESR(Cornell Electron Storage Ring)에서 클레오라는 입자 검출기를 가지고 했던 실험이다. 그는 서울 대학교 물리학과를 졸업하고 미국 스탠퍼드 대학교에 유학을 가 박사 학위를 받았다. 이후 1993년부터 1996년까지 클레오 실험에 참여했다. 벨 실험에는 박사 후 연구원 생활을 마치고 1996년 연세 대학교 교수로 일하면서 참여했다. 벨 2 실험은 2018년부터 데이터를 내놓고 있고, 벨 실험 경험이 있기에 자연스럽게 참여하게 됐다.

플레이버 물리학자를 보텀 쿼크로 이끈 첫 번째 논문은 1967년 러시아 물리학자 안드레이 사하로프(Andrei Sakharov)가 내놨다. 사하로프는 물질과 반물질의 대칭성이 깨지려면 CP 대칭성 깨짐이 필요하다고 주장했다. 권영준 교수는 "사하로프는 인권 운동가로 노벨 평화상을 받았지만, 물리학자로서도 노벨상을 받고도 남는다. 이 논문은 탁월했다."라고 말했다. 보텀 쿼크로 플레이버 물리학자를 이끈 두 번째 논문은 1973년에 나왔다. 앞서 말한 일본의 두 물리학자 연구다. 이들은 쿼크가 3세대 구조인 6종류라면 물질과 반물질 대칭성이 깨질 수 있다고 주장했다. 이 두 논문으로 플레이버 물리학과 CP 대칭성 깨짐이 연결된다. 플레이버 물리학자가 우주에 물질만 남은 이유를 알기 위해 CP 대칭성 깨짐을 연구할 이유가 생겼다.

고바야시, 마스카와 논문에 영향을 받은 후배 학자들이 후속 연구에 몰려들었다. 그리고 쿼크 6종 중에서도 왜 하필 보텀 쿼크와, 물질-반물질 연구가 연결되는지를 설명하는 논문이 등장했다. 1980년대 초 이카로스 비기(Ikaros Bigi), 애슈턴 카터(Ashton Carter), 산다 이치로(三田一郎) 3명이 이론을 제안했다. 이들은 보텀 쿼크를 가진 입자에서 CP 대칭성 깨짐 예측이 잘 관측되리라고 주장했다. 이론이 나왔으니, 실험가들이 달려들어 내용을 확인하는 것은 당연했다. 1980년대 초반부터 이를 검증하기 위한 여러 가지 방법, 혹은 그 전 단계로 보텀 쿼크를 가진 입자를 연구하기 시작했다.

권영준 교수가 몸담았던 미국 코넬 대학교의 클레오 실험은, 독일 전자 싱크로트론 연구소라고 불린 DESY(Deutsches Elektronen-Synchrotron) 연구소의 아르구스(ARGUS) 검출기를 이용한 실험과 함께 1980년대 보텀 쿼크 실험의 양대 산맥이었다. 두 실험은 B 중간자를 연구하기 위해 시작되었다. CP 대칭성 깨짐을 연구하기 전에 먼저 B 중간자의 물리적 특성을 조사했다. 1987년 당시 박사 과정 2년 차이던 권영준 교수는 DESY 연구소 아르구스 실험에서 B 중간자 섞임 현상을 발견했다. B 중간자 섞임 현상은 B 중간자에서 CP 대칭성 깨짐이 일어나는 데 필요한 조건이다. 그리고 권영준 교수가 클레오 실험에 막 합류했을 때 보텀 쿼크가 붕괴하여 스트레인지 쿼크(strange quark)와 광자로 바뀌는 반응이 발견되었다.

"내가 속한 연구 그룹은 두 가지 관심사를 갖고 있었다. 하나는 보텀 쿼크가 스트레인지 쿼크로 바뀌는 소위 펭귄 다이어그램이 존재한다는 직접 증거 찾기, 그리고 두 번째는 보텀 쿼크가 업 쿼크로 붕

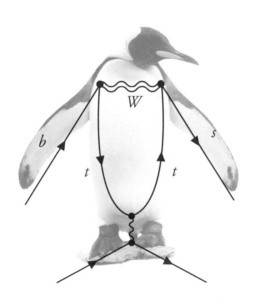

보텀 쿼크(b)가 스트레인지 쿼크(s)로 바뀌는 과정을 나타낸 펭귄 다이어그램. W는 W 보손, t는 톱 쿼크이다.

괴할 수 있느냐 하는 것이었다."

권영준 교수는 보텀 쿼크가 스트레인지 쿼크로 바뀌는 실험을 했다. "보텀 쿼크가 스트레인지 쿼크와 광자로 붕괴하는 소위 펭귄 다이어그램보다 더 복잡한 반응을 나는 찾으려 했다. 보텀 쿼크가 붕괴하면서 스트레인지 쿼크와 경입자, 그리고 경입자의 반입자 해서 모두 3개 입자가 나오는 반응을 연구했다. 내가 보고자 했던 경입자는 전자와 뮤온, 그리고 전자의 반입자(양전자), 뮤온의 반입자였다. 이 반응을 찾으면 좋은 점이 많이 있었다. 보텀 쿼크가 모두 3개로 바뀌는 반응은 복잡하다. 그렇기에 훨씬 많은 물리적 정보를 얻을 수 있다. 그러나 발견하지 못했다. 한계만 구하고 말았다. 클레오 실험의 데이터가 부족한 게 원인이었다. 내가 보려고 했던 반응은 훗날 일본 벨 실험에서 확인되었다."

플레이버 물리학자들이 CP 대칭성 깨짐을 측정하기 위해 만든 다음 실험이 일본 KEK의 벨 실험과, 미국 스탠퍼드 대학교의 바바(BaBar) 실험이다. 두 실험은 B 중간자의 붕괴를 조금 더 천천히 볼 수 있도록 고안됐다. 즉 에너지가 같은 입자 2개를 정면 충돌시키는 대신, 에너지가 서로 다른 입자들을 충돌시킨다. 에너지가 같으면 충돌한 바로 그 자리에서 입자들이 붕괴한다. 에너지가 다르면 빔 에너지가 작은 입자가 달려온 쪽으로, 빔 에너지가 큰 입자들이 충돌 후에 쏠리게 되어 있다. 그러면 B 중간자가 계속 날아가면서 붕괴하고, 물리학자들이 관측할 시간이 늘어난다. 이 실험들은 1990년대 중반에 시작되었다. 권영준 교수는 이때쯤 연세 대학교 교수로 부임하고, 벨 실험에 합류했다.

벨 실험은 고바야시와 마스카와가 말한 B 중간자의 CP 대칭성 깨짐을 보는 것이 목적이었다. 권영준 교수는 1997년부터 벨 실험 내 물리학 그룹 중 하나인 CKM 그룹을 맡았다. 이 그룹이 하는 일은 CKM 행렬(matrix)의 값을 찾는 것이다. 행렬이라는 말이 나오자 설명을 잘 따라갈 수 있을까 싶었다. 그냥 경청했다. "CKM 행렬의 값은 실수가 아니고 복소수여야 한다. 복소수의 허수 부분은 CP 대칭성 깨짐과 관련이 있고, 실수 부분은 보텀 쿼크가 어떻게 붕괴되는지 이해하는 데 중요한 정보가 된다."

복소수라는 수 체계가 보텀 쿼크 물리학을 이해하는 데 등장하는 걸 보고 놀랐다. 복소수는 '$a+bi$'로 쓸 수 있다. 여기에서 'a'는 실수 부분이고 'b'는 허수 부분이다. 그러니 권 교수가 말한건, 'a'는 보텀 쿼크의 붕괴 관련 정보를, 'b'는 CP 대칭성 깨짐 관련 정보를 담고 있다는 뜻이다.

설명을 더 해 달라고 주문했다. "복소수의 허수 부분은 일본의 큰 연구 그룹이 다 가지고 갔다. 행렬의 나머지 부분인 실수 부분을 측정하는 일을 내가 맡았다." 달리 말하면 CKM 삼각형이라는 것의 변의 길이를 재는 일을 했다고 했다.

권영준 교수는 2006년까지 CKM 그룹을 이끌었다. 함께 CKM 그룹을 이끌던 나고야 대학교 이지마 도루(飯嶋徹) 교수가 2006년 4월 벨 실험 대표로 선출됐고 이어 2019년부터는 벨 2 실험 대표를 맡고 있다. 권영준 교수는 2010년 벨 실험 물리 분석 공동 코디네이터가 되었고, 2018년 4월 벨 실험 선거에서 대표로 선출되었다.

권영준 교수는 "고바야시, 마스카와 이론만으로는 물질과 반물질 비대칭을 설명하지 못한다. 전체 비대칭의 10^{10}분의 1밖에 안 된다. 엄청나게 부족하다. 그러니 우주에 물질이 존재하는 이유, 반물질이 사라진 이유를 설명하는 새로운 이론이 있어야 한다."라고 말했다. 그의 설명을 겨우 따라갔는데, 지금까지 설명한 건 물리학자가 알려는 것의 극히 일부라는 이야기를 듣자 맥이 빠졌다.

권영준 교수는 "현재 많은 물리학자는 쿼크보다는 중성미자에 그 답이 있지 않을까 생각하고 있다."라고 말했다. 중성미자는 입자 물리학의 표준 모형이라는 큰 그림 안에 들어 있고, 물질 입자 칸의 맨 아래 칸을 차지하고 있다. 전기적으로 중성이고 질량이 거의 없을 정도로 가벼워 오랫동안 물리학자는 질량이 없다고 잘못 생각해 왔다.

입자 물리학자들은 우주를 이루는 기본 입자와 그 상호 작용을 설명하려고 노력해 왔다. 그 답으로 표준 모형을 내놓았다. 하지만 표준 모형은 많은 것을 설명하지 못하고 있다. 권영준 교수는 "표준 모형 너머의 물리학이 필요하다. 그게 어디 있는지 모르니까, 각자가 자신의 영역에서 그걸 찾아야 한다. 벨 실험에서 CP 대칭성을 확인한 것에 만족하지 말고 플레이버 물리학 쪽이 표준 모형 너머의 물리학을 탐색해 보자 해서 만든 게 벨2 실험이다."라고 말했다.

벨2 실험은 2016년 시험 가동됐다. 2018년 전자, 양전자 충돌 시험을 했으며, 이후 검출기를 집어넣고 데이터를 받기 시작했다. 벨2 실험에는 26개국의 연구자 1,000명이 참여하고 있다. 한국 그룹도 서울 대학교, 연세 대학교, 고려 대학교 등 9개 기관이 참여하고 있고, 교수만 12명이다. B 중간자 붕괴에서 암흑 물질의 영향이 나타날 수 있는지 확인하고자 한다. 권영준 교수는 "입자 물리학의 흥미로운 이슈는 암흑 물질의 정체를 밝히는 것과 물질과 반물질 비대칭성을 설명하는 것이다."라고 했다. 벨 2 실험은 그런 입자 물리학의 두 가지 이슈가 만나는 지점이겠다는 생각이 들었다. 그는 플레이버 물리학자로서 연구 성과에 대해 "B 중간자의 희귀 붕괴 탐색을 시도했으나 발견하지 못했다. 다만 탐색 범위를 좁히기는 했다."라고 말했다.

그는 2002년부터《리뷰 오브 파티클 피직스(*Review of Particle Physics*)》 내 B 중간자 분야 연구를 소개하는 일을 맡았다. 이 책은 입자 물리학자가 연구와 학습을 하는 데 쓰는 기본 참고서로 1,200쪽이 넘는 두께이며, 동료 2명과 함께 중간자 분야 저술을 책임지고 있다.

9장   빅뱅 후 기본 입자는 어떻게 만들어졌나?

윤진희

인하 대학교 물리학과 교수

스위스 제네바 공항에 내리는 여행자를 직군별로 보면 물리학자 수가 적지 않다. 인하 대학교 핵물리학자 윤진희 교수도 그중 1명이다. 제네바 공항에 내린 물리학자는 관광객과 달리 제네바 시내 쪽으로 향하지 않는다. 물리학자의 목적지는 시내 서쪽 외곽, 프랑스와의 국경 지역에 있는 CERN이다. 그곳에는 인류사상 최대 규모의 과학 실험 시설이 있다. CERN은 27킬로미터 길이의 터널을 뚫고 2008년부터 입자 충돌 실험을 하고 있다. 입자 충돌기 이름은 LHC다. 서로 반대 방향에서 나온 양성자나 납 원자핵이 진공 파이프 안을 광속에 가까운 속도로 달리다 정면 충돌한다.

　윤진희 교수를 인하 대학교 연구실에서 만나 현대 핵물리학의 최전선에 관해 물었다. 그는 그간 제네바를 10여 차례 다녀왔고, 연구년을 맞아 다시 제네바에 간다고 했다. 윤 교수를 찾아간 건 2019년이다. 과학의 최전선에서 지(知)와 무지(無知)는 만난다. 그에게 핵물리학 연구에서 인류가 모르는 것은 무엇인가, 신이 앞에 있다면 무엇을 물어보고 싶은가를 물었다.

윤 교수는 신에게 묻고 싶은 질문을 먼저 들려줬다. "전하량이 왜 그 양인가? 결합 상수의 크기가 하필 왜 그러한가를 묻고 싶다." 전자나 양성자 1개의 전하량은 1.6×10^{-19}쿨롱(C)이다. 결합 상수는 어떤 물리적 상호 작용의 세기를 말하는 숫자다. 전자기력의 세기를 나타내는 물리 상수는 결합 상수의 하나이며 '137'이다. 윤 교수가 왜 신에게 그걸 묻고 싶은지를 더 캐묻지는 않았다. 이어 그는 핵물리학, 그중에서도 고에너지 핵물리학의 최전선에 관해 이야기했다.

"빅뱅에서 물질이 나왔다. 빅뱅 이후 기본 입자들의 출현 과정에 대한 이론을 물리학자는 가지고 있다. 나는 그중에서도 원자핵이 만들어질 때 '쿼크-글루온 플라스마(quark-gluon plasma, QGP)'가 실제로 있었는지가 궁금하다. 핵물리학자는 1980년대부터 QGP를 찾아 왔고, LHC에서 내가 하는 실험 역시 QGP 존재를 확인하는 게 목표다."

갑자기 내용이 어려워진다. 쿼크와 글루온은 들어 봤다. 쿼크는 물질을 이루는 기본 입자 중 하나다. 글루온은 쿼크와 쿼크를 들러붙게 하는 힘 입자다. 이런 쿼크 3개가 모이면 양성자와 중성자가 된다. 쿼크는 자연 상태에서 낱개로 존재하지 않는다. 1개씩 떼어 놓을 수 없다.

빅뱅 이후 $10^{-15} \sim 10^{-5}$초까지는 쿼크와 글루온이 결합하지 않았다. 두 입자가 플라스마 상태에서 각기 자유롭게 움직였다. 플라스마는 전하를 띤 입자들이 자유롭게 돌아다니는 물질 상태를 가리킨다.

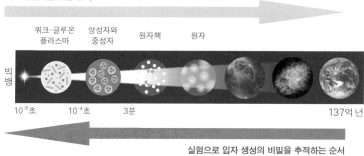

빅뱅 후 물질이 생성되는 과정을 담은 개념도. 빅뱅 이후 100만분의 1초 정도의 우주 초기에는 쿼크와 글루온이 플라스마 상태로 자유롭게 움직이는 QGP 상태일 것으로 추측한다.

QGP란 쿼크와 글루온이 플라스마 상태인 걸 말한다.

윤진희 교수는 QGP가 빅뱅 이후에 존재했는지 알아보기 위해 2015년부터 지상 최대의 과학 실험에 참여하고 있다. 입자 가속기 LHC에는 대형 입자 검출기 4개가 붙어 있고, 이중 하나인 앨리스 (ALICE, A Large Ion Collider Experiment)는 핵물리학을 하는 도구다. 앨리스 실험에는 41개 국가, 176개 기관이 참여하고 있다. 인원만 2,000명에 이른다. 한국에서는 인하 대학교를 포함해 8개 기관이 참여한다. 윤 진희 교수는 한국 앨리스 그룹 대표로 2016년부터 2022년까지 한국 앨리스 그룹을 이끈다.

앨리스 그룹의 주된 관심은 LHC에서 납과 납의 충돌 실험이다. 이 실험은 1년 중 한 달 정도 진행된다. 그리고 나머지 11개월 중 10개월 동안 LHC의 진공 파이프를 도는 것은 양성자 빔이다. 이때는 아틀라스(ATLAS)와 CMS 검출기를 사용하는 입자 물리학자들이 분주하다.

9장 빅뱅 후 기본 입자는 어떻게 만들어졌나?

다른 한 달은 LHC 가동을 멈추고 시설 유지 관리 작업을 한다.

앨리스 그룹이 보고자 하는 목표는 QGP이다. QGP가 있었을 것으로 추정되는 빅뱅 직후 '쿼크 시대'에는 온도와 밀도가 높았다. 온도는 10^{15}~10^{12}켈빈이다. 상상할 수 없이 높은 극한의 온도다. LHC의 입자 충돌 실험에서는 이에 근접한 온도까지 올라간다. LHC 실험의 목표는 미니 빅뱅을 일으켜 초기 우주의 상태를 재현하는 것이다. 입자 충돌 직후 아주 짧은 순간에 온도와 밀도가 확 올라가고 QGP가 만들어진다.

QGP 존재 여부는 어떻게 확인할까? 입자 생성량 비교 등 대여섯 가지 방법론이 있다. 윤진희 교수는 이중에서 능선 효과(ridge effect)를 들여다보고 있다.

"입자가 충돌하면 높은 에너지를 가진 입자가 특정 방향으로 튀어나온다. 신기하게 이때 다른 입자들도 충돌 방향을 따라 넓게 퍼진다. 이것을 능선이라고 한다. 능선은 QGP가 있다는 신호로 해석됐다. 나는 능선이 과연 QGP 신호인가를 확인하는 일을 한다."

능선 효과는 1990년대 미국 브룩헤이븐 국립 연구소에서 진행했던 금-금 충돌 실험에서 처음 보았다. 이 실험은 QGP가 기체일 것이라는 그때까지의 생각을 뒤집고, 액체에 가까운 상태라는 것을 보였다. 실험 결과를 보니, 기체보다 강하게 상호 작용하는 것으로 나왔던 것이다.

앨리스 실험이 사용하는 납과 브룩헤이븐 국립 연구소가 쓴 금을 보자. 양성자와 중성자가 납 원자핵에는 평균적으로 208개, 금 원자핵에는 197개 들어 있다. 200개 안팎의 양성자 혹은 중성자를 가진 입자들이 마주 달려오다가 충돌하면 원자핵이 깨지면서 수많은 입자가 튀어나온다. 이런 것을 벌크(bulk) 효과라고 한다. 납-납 충돌에서 나온 벌크 효과가, 양성자-양성자 충돌과 다른 신호를 내놓는다는 것을 확인하면 QGP의 존재를 확인할 수 있다.

LHC 실험 초기에 핵물리학자들은 당황했다. 양성자 충돌 실험에서도 약하지만 양성자와 양성자가 정면 충돌하는 경우 능선이 보였다. 납 충돌에서 나타난 벌크 효과인 능선이 QGP 존재를 알리는 신호가 아닌가? 그런데 양성자 충돌 실험에서 능선이 왜 나타나는가? 이를 정확히 알아보는 것이 현재 앨리스 그룹 연구의 핵심이다.

충돌 직후에는 높은 에너지로 인해 QGP가 발생하고, 이어 충돌 후 10^{-10}초가 되면 경입자가, 10^{-5}초가 되면 강입자가 만들어진다. 앨리스 검출기는 납 이온과 납 이온이 충돌하는 순간 만들어지는 입자들의 궤적을 추적한다. 납 이온 충돌 사건을 재구성해 그 순간 어떤 일이 일어났는지 알아내는 것이 실험 핵물리학자의 일이다. 윤 교수는 "납-납 충돌 분석은 어렵다. 입자가 100만 개 나온다. 쿼크, 글루온, 전자, 중성미자 등이 쏟아진다. 이중 글루온이 80퍼센트를 차지한다. 쿼크는 직접 측정하지 못한다. 붕괴 단계가 많아서 분석이 어렵다."라고 말했다.

QGP가 빅뱅 이후 우주 탄생 과정에서 만들어지지 않으면 어떻게 되는 걸까? 윤진희 교수는 "QGP가 존재했을 것이라 생각한다. 그렇게 믿는다. 하지만 실험으로 그렇다는 걸 확인해야 한다. QGP의 정확한 특성을 이해해야 한다."라고 말했다. 이어서 "확실히 판단하려면

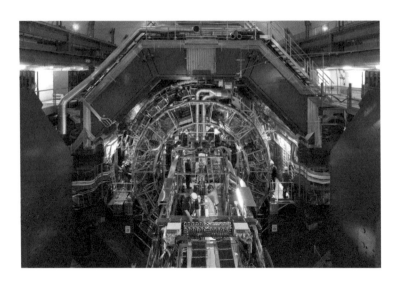

LHC에 설치된 대표적인 4개의 거대한 입자 검출기는 아틀라스, CMS, 앨리스, LHCb이다. 아틀라스와 CMS는 입자 물리학 실험에, 앨리스는 고에너지 핵물리학 실험에 쓰인다. 사진은 앨리스 검출기이다. CERN 제공 사진.

앞으로 몇 년이 더 걸릴 것이다. 앨리스 실험 데이터를 받아 분석하는 데도 시간이 걸린다.”라고 말했다.

QGP가 식으면서 물질의 상(相, phase)이 어떻게 달라지는지 알아내는 것도 QGP 연구의 큰 주제다. 물은 액체, 기체, 고체라는 3개의 상을 갖고 있다. 물이 몇 도에서 얼음이 되고, 기체가 되는지를 우리는 알고 있다. 이처럼 QGP도 어떤 온도와 밀도에서 상이 변하는지 알아야 한다. 상전이(phase transition)가 갑작스럽게 떨어지는 경우인지, 상전이 과정이 부드러운 곡선을 이루는지가 궁금하다.

윤진희 교수는 서울 대학교 물리학과 82학번이다. 핵물리학자인 성백능 교수에게서 배웠다. 1986년 미국 퍼듀 대학교에 유학을 가 김영일 교수의 지도를 받아 공부하고 1995년 인하 대학교 교수가 되었다. 윤진희 교수는 원래 이론 핵물리학을 공부했다. 박사 논문도 핵 반응 때 산란 단면적의 에너지 의존성에 관한 내용이다. 산란 단면적은 핵 반응이 얼마나 잘 일어나는지를 알 수 있는 수치인데, 에너지 크기에 따라 그게 어떻게 달라지는가를 연구했다. 그가 실험 물리학자로 변신한 것은 인하 대학교 물리학과에 권민정 교수가 부임해 온 2013년이다. 권민정 교수는 브룩헤이븐의 실험에 참여했고 이 연구로 고려 대학교에서 학위를 받았다. 이후 CERN에 가서 박사 후 연구원으로 앨리스 그룹에서 연구했다.

"권민정 교수가 학과에 합류한 뒤 나는 이론과 실험을 겸하게 되었다. 그리고 학교를 설득해 LHC 앨리스 연구 그룹에 가입했다. 학교가 제안을 받아들여, 인하 대학교는 앨리스 회원 기관이 되었다. 가입비 약 5700만 원을 2018년 완납했다."

인하 대학교는 핵물리학자가 총 4명으로 한국 대학에서 돋보인다. 윤진희 교수는 "서울 대학교 물리학과는 교수가 수십 명인데, 핵물리학자는 1명밖에 없다."라고 말했다. 그가 물리학과 학생이던 30여 년 전에도 서울 대학교에 핵물리학 교수가 5명이었다. 현재 한국의 핵물리학 연구자 수가 크게 부족하다고 우려했다. IBS가 대전 북쪽에 중이온 가속기를 만들고 있으나 이를 설계하고 운영할 인원이 부족하다.

윤 교수 이야기는 이해하기 쉽지 않았다. 어려웠다. 개인 연구를 소개해 달라고 했다. 그는 "파이온(pion)이란 입자의 질량은 137메가전자볼트다. 대략 양성자의 10분의 1 정도다. 다른 중간자에 비해 아주 가벼워 이론적으로 이 질량 크기를 설명하지 못했다. 나는 2005년 그 이론적 근거를 찾아냈다."라고 말했다. 파이온은 쿼크로 만들어진 입자 중 가장 가볍다. 연구 내용을 일부 설명해 줄 수 있느냐는 말에 그건 힘들다며 사양했다.

책상 위 한쪽에『인하 대학교 산악회 50년 기록』이라는 책자가 보였다. 윤진희 교수는 서울 대학교 총여학생회 산악부 출신이다. 산을 좋아하는 언니를 따라갔다가 산꾼이 되었다. 산을 타는 여성 물리학자로는 미국 하버드 대학교의 리사 랜들(Lisa Randall)을 기억한다. 랜들은 몇 년 전 학회 참석차 한국에 왔다가 북한산 인수봉에 오르기도 했다. 30년 넘게 기자로 일하면서 기사 하나를 쓰기 위해 두 번 찾아간 건 윤진희 교수가 처음이다. 윤진희 교수는 LHC를 구경하러 오라고 말했다. 나도 조만간 제네바 공항에 내릴지 모르겠다. 물리학자는 아니지만.

10장 극한 환경에서 만들어진 핵물질은 어떤 모습일까?

홍병식

고려 대학교 물리학과 교수

홍병식 고려 대학교 물리학과 교수는 한국 최초의 핵물리학 전문 연구 그룹을 이끈다. '극한 핵 물질 연구 센터'다. 7개 대학 교수 9명과 연구원 15명, 그리고 대학원생 30명이 참여하고 있다. 고려 대학교 아산 이학관 내 극한 핵 물질 연구 센터 사무실에서 홍병식 교수를 만났다.

한국 연구 재단은 '선도 연구 센터(Science Research Center, SRC)'라는 제도를 만들어 상당한 규모의 연구비를 지원한다. 홍 교수가 조직한 극한 핵 물질 연구 센터는 SRC에 선정됐고, 2018년부터 2025년까지 활동이 예정돼 있다. 센터의 목표는 우주에 존재하는 원소와 물질의 기원 연구이다. 센터 이름에 들어간 '극한 핵 물질'은 고온, 고밀도에서 만들어진 핵 물질을 가리킨다.

홍병식 교수는 센터장이면서 센터 내 제1그룹을 책임지고 있다. 제1그룹은 고에너지 핵물리학을 연구한다. 고에너지 핵물리학은 우주 최초의 물질, 쿼크-글루온 플라스마, 즉 QGP를 연구한다. (QGP에 관한 설명은 7장 윤진희 교수 편에 자세히 나온다.)

센터 내 제2그룹은 김현철 인하 대학교 교수가 이끈다. 쿼크 가둠 (quark confinement) 현상을 연구한다. 쿼크라는 기본 입자는 낱개로는 존재하지 않고 다른 쿼크와 묶여서만 존재하는데, 그 현상을 살핀다. 제3그룹은 희귀 동위 원소를 연구한다. 한인식 IBS 희귀 핵 연구단 단장이 그룹 책임자다.

홍병식 교수는 그간 내가 고에너지 핵물리학자들을 만난 것을 알고 있었다. "오늘은 고에너지 말고 나의 또 다른 관심 분야인 저에너지 핵물리학을 이야기하면 좋겠다. 희귀 동위 원소 연구에 관해 설명하겠다."라고 말했다.

홍병식 교수는 고려 대학교 물리학과 82학번이다. 졸업 후에는 미국 토머스 제퍼슨 국립 가속기 연구소(Thomas Jefferson National Accelerator Facility, TJNAF. 제퍼슨 연구소(Jefferson Lab) 또는 제이랩(JLAB)이라고 많이 부른다. 버지니아 주 뉴포트 뉴스에 있다.)에서 석사 학위를 받았다. 박사 학위는 뉴욕 주립 대학교 스토니브룩 캠퍼스에서 받았고, 스토니브룩 인근에 있는 브룩헤이븐 국립 연구소에서 고에너지 실험을 했다. 그리고 대서양을 건너 독일 다름슈타트로 갔다. GSI 헬름홀츠 중이온 연구소(GSI Helmholtzzentrum für Schwerionenforschung, GmbH)의 저에너지 핵물리학 실험에 참여했다. 그는 고에너지와 저에너지 핵물리학 양쪽 모두 경험한 것이다.

그가 사무실 벽 스크린에 프레젠테이션 화면을 띄웠다. 핵물리학

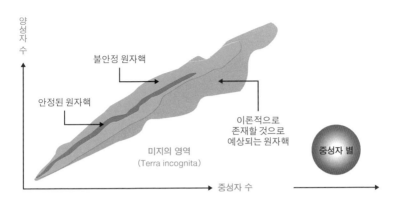

자연에 존재할 수 있는 모든 원소와 그 동위 원소까지를 한꺼번에 표현한 핵 도표. 자연에는 300여 개의 안정적인 원자핵이 존재하며, 현재까지 발견된 불안정 원자핵(방사성 동위 원소)는 약 2,700개, 이론적으로 존재할 것으로 예상되는 원자핵은 약 7,000개이다.

에서 사용하는 핵 도표(nuclear chart)다. 좌표 평면 위에 우주에 존재하는 원자핵들이 자리를 잡고 있다. 좌표의 가로 x축은 중성자 수이고, 세로 y축은 양성자 수이다. 원자핵 안에 양성자와 중성자가 몇 개 있는지에 따라 핵 도표 내 좌표가 정해진다. 원자 번호 1번인 수소 원자핵을 보자. 중성자 0개와 양성자 1개로 되어 있다. 핵 도표상 위치가 (0, 1)이다. 헬륨 원자핵은 중성자 2개와 양성자 2개로 구성된다. 좌표는 (2, 2)이다.

자연에서 안정적으로 발견될 수 있는 원자핵은 300개다. 핵 도표에는 검은색으로 표시되어 있다. 가속기에서 인공적으로 원자핵을 합성할 수도 있으며, 이런 불안정한 원자핵은 2,700개다. 핵 도표에 노란색으로 칠해져 있다. 불안정한 원자핵은 아주 짧은 순간에만 존재한다. 두 종류의 원자핵을 합하면 3,000개다. 아직 실험으로 발견

10장 극한 환경에서 만들어진 핵물질은 어떤 모습일까?

되지는 않았으나 이론적으로 존재할 것으로 예상되는 원자핵들이 있다. 이것이 7,000개 이상이다.

"존재할 수 있는 원자핵에는 한계가 있다. 원자핵 안에 집어넣을 수 있는 양성자와 중성자의 수에 한계가 있기 때문이다. 핵 도표에서 원자핵이 몰려 있는 지점 위쪽 공간은 양성자가 더 들어갈 수 없다. 그 아래쪽은 중성자가 더 들어갈 수 없는 영역이다. 그런데 왜 이런 한계가 있을까? 중성자는 왜 더 붙지 않을까? 1만 개로 추정되는 원자핵의 기원과 구조를 연구하는 것이 저에너지 핵물리학의 핵심 과제다."

홍 교수에 따르면 원자핵 속의 중성자와 양성자 비율이 달라지면 원자핵의 구조와 성질이 변한다. 원자핵은 한계에 가까워질수록 내부 구조가 이상하게 변한다. 안정된 원자핵 안에서는 중성자와 양성자가 잘 섞여 있다. 그런데 중성자가 많은 한계 영역에서는 원자핵의 외곽에 중성자로만 이루어진 껍질이 생긴다. 중성자가 퍼져 있어 후광처럼 보이는 현상이 나타나기도 한다. 중성자와 양성자는 원자핵 안에서 에너지 껍질 구조를 갖고 있다. 안정한 원자핵과 불안정한 원자핵은 원자핵 안의 에너지 껍질 구조가 다른 것이다. 이것을 연구해야 한다.

홍병식 교수가 핵 도표의 오른쪽 아래, 중성자가 무한히 많고, 양성자는 거의 없는 지점을 가리켰다. "중성자별"이라고 쓰여 있다. 중성자별은 중성자가 대부분이고, 양성자는 거의 없는 거대 원자핵이라고 볼 수 있다. 핵 도표에서 중성자별은 원자핵이 도저히 존재할 수 없는 곳에 표시되어 있다. 중성자를 원자핵 안에 차곡차곡 쌓아 가는 방식으로는 도저히 도달할 수 없는 영역이다.

원자핵을 이루는 핵자는 평균 1세제곱펨토미터(10^{-15}m³) 안에 0.16개 가 들어 있다. 핵자는 양성자와 중성자를 가리키는 말이다. 핵 도표 안에 있는 원자핵들은 밀도가 '정상 핵자 밀도' 인근이다. 그런데 중 성자별 내부의 중성자 밀도는 정상 핵자 밀도보다 최소 2배, 높으면 10배로 예상한다.

"중성자별은 이상한 천체다. 어떻게 이런 천체가 존재할 수 있을 까? 이런 극한 환경에서는 핵자를 포함한 여러 입자의 '강한 상호 작 용'이 완전히 달라진다. 강한 상호 작용은 핵자(중성자, 양성자) 혹은 핵 자를 이루는 쿼크들이 서로를 느끼는 힘이다. 보통 상태라면 중성자 별은 존재할 수 없다. 핵 도표의 원자핵들이 존재하는 지점에서 아 주 멀리 떨어져 있으니 깨지거나 사라져야 한다. 그런데 우주에는 중 성자별이 많다. 이들을 존재할 수 있도록 하는 핵 반응이 있을 것이 다. 그건 안정적인 핵들의 반응과는 다르다. 그런 것들을 연구하고 싶 다."

이를 연구하려면 가속기가 필요하다. 가속기 안을 빠른 속도로 움 직이는 빔 안의 양성자와 중성자 비율을 자유롭게 배합할 수 있어야 한다. 대전에 건설 중인 중이온 가속기 라온이 연구를 위한 시설이 다. 라온은 희귀 동위 원소 가속기(Rare isotope Accelerator complex for ON-line experiment, RAON)라는 뜻이다.

라온은 동위 원소 공장(isotope factory)이다. 동위 원소는 양성자 수는 같으나 중성자가 수가 다른 원자핵을 말한다. 희귀 동위 원소는 실험실에서 만들 수 있는 동위 원소이고, 짧은 순간만 존재한다. 라온은 대전 북쪽 끝, 세종시 가까운 곳에 들어서고 있다. 1조 5000억 원 가까이 들어갔고, 2022년 1단계 완공, 2027년 2단계 완공을 목표로 공사가 진행되고 있다.

라온은 중이온 가속기다. 중(重)이온은 수소보다 무거운 원자핵을 말한다. 중이온 가속기는 중이온을 가속시키는 장치이며, 이때 가속은 초전도 자석으로 한다. 라온은 가속된 중이온을 고정되어 있는 표적 물질에 충돌시킨다. 그렇게 함으로써 지금까지 발견되지 않은 희귀한 동위 원소, 즉 새로운 원자핵을 만들어 낼 예정이다.

핵물리학계는 2003년부터 국립 핵물리학 연구소를 설립하고 가속기를 만들어야 한다고 주장했다. 한국보다 경제 여건이 좋지 않은 나라도 핵물리학 연구소를 가지고 있다. 결국 이명박 대통령 때 IBS라는 기초 과학 연구 기관을 만들고, 기관의 성격에 맞는 연구 시설을 논의한 결과, 중이온 가속기를 만들게 됐다.

홍병식 교수는 여러 핵물리학 실험 시설 가운데 중이온 가속기를 만들게 된 배경에 대해 이렇게 설명했다. "유럽 입자 물리학 연구소의 LHC와 같은 고에너지 가속기는 주로 국제 협력을 통해 건설된다. 천문학적인 건설 비용도 문제지만 가속기를 운영할 전문 인력도 한 나라가 감당할 수 없다. 반면 저에너지 가속기는 우리가 감당할 수 있는 장비인 동시에 학문적으로도 중요하다." 라온은 한국 최초의 기초 과학을 위한 대형 가속기다.

라온과 비슷한 시설로는 일본 이화학 연구소 산하 니시나 가속기 연구 센터(Nishina Center for Accelerator-based Science)의 RIBF(Radioactive Isotope Beam Factory, 방사능 동위 원소 빔 공장)가 있다. 2008년 가동에 들어갔다. 홍병식 교수는 이 실험에 참여하고 있다. 미국 이스트 랜싱에 있는 미시간 주립 대학교, 프랑스 캉의 연구소 GANIL(Grand Accélérateur National d'Ions Lourds)도 동위 원소 빔 공장을 가동 중이다. 한국은 후발 주자다. 이들과 차별성을 기하기 위해 남들이 가지 않은 길을 갔다. 희귀 동위 원소 빔을 제작하는 두 가지 방법을 결합해 희귀한 빔을 만들어 낸다는 시도다.

"ISOL 방식은 양성자를 가속시켜 우라늄 표적에 충돌시킨다. 그

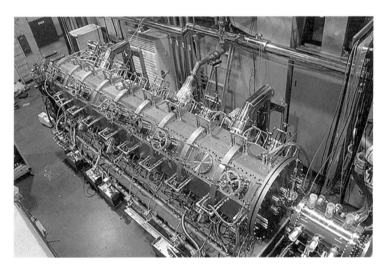

중이온 가속기 라온에 들어가는 RTQ 선형 가속기이다. 라온으로 지금껏 발견되지 않은 희귀 동위 원소를 만들어 관찰할 수 있다. IBS 중이온 가속기 건설 사업단 제공 사진.

10장 극한 환경에서 만들어진 핵물질은 어떤 모습일까?

러면 우라늄 원자가 깨지면서 2차 입자가 나온다. 이중에서 중성자를 많이 갖고 있는 2차 입자를 골라낸다. 그런 뒤 이 입자를 IF 가속기로 보내 다시 가속한다. 고정 표적인 베릴륨이나 탄소에 충돌시킨다. 그러면 양성자 대비 중성자 비율이 월등히 높은 원자핵 빔이 나온다. ISOL을 통해 중성자 비율이 높아졌는데, IF에서 다시 중성자 비율이 더 높아진 것이다. 중성자별과 비슷한 상황을 실험실에서 만들어 보려고 한다."

홍병식 교수는 라온으로 중성자가 상대적으로 과도하게 많이 붙은, 자연에서는 존재할 수 없는 희귀한 빔을 만들 수 있다고 했다. 중성자별과 똑같지는 않으나 중성자별 내부와 가능한 비슷한 물질을 실험실에서 만들려고 한다. "중성자가 많은 빔을 만들어야 한다. 그리고 이를 중성자가 많이 붙은 표적에 충돌시켜야 한다. 그러면 양성자보다 중성자가 훨씬 많은 핵 물질을 만들 수 있다. 그 핵 물질 안에서는 중성자별에서와 비슷한 핵 반응이 일어날 것으로 예상한다. 그렇게 생긴 입자들을 검출기로 확인하면, 중성자별과 같은 특이한 핵 물질 내부 구조와 진공에서 흔히 보는 핵 반응과 다른 점을 알 수 있다. 그래서 라온이 중요하다."

현재 라온을 이용하는 실험 장치 7개가 준비되고 있다. 이중에서 KOBRA와 LAMPS가 핵물리학 시설이다. KOBRA(KOrea Broad acceptance Recoil spectrometer and Apparatus)는 저에너지 핵 실험 장치다. 특이한 핵 구조, 핵 천체 물리학을 위한 시설이다. LAMPS(Large Acceptance Multi-Purpose Spectrometer)는 라온 에너지 영역에서는 상대적으로 고에너지 핵 실험이다. 압축된 핵 물질, 핵 물질의 에너지 상태, 특이한 핵 구조를 보기 위한 장치다. 홍병식 교수는 LAMPS 실험을 처음부터 책임지고 있다. LAMPS 검출기는 중성자 검출기, 시간 투영 검출기 TPC, 초전도 전자석 등으로 구성된다. 에너지 분해능은 세계 최고라고 그는 자부했다. 제작에 120억~130억 원이 들어간다. 홍병식 교수는 "LAMPS 실험은 조만간 외국 물리학자가 많이 참여하는 국제 실험으로 가게 될 것이다. 실험단 구성을 위한 논의를 시작해야 한다."라고 말했다.

홍병식 교수는 개인적으로 CERN의 CMS 실험 등에도 참여해 왔다. CMS 그룹의 주요 목표는 입자 실험이지만 핵물리학 실험도 가능하도록 조직되어 있다. 그는 CMS 그룹의 중이온 충돌 연구에 한국 사람으로는 최초로 참여해 왔으며, 미국, 일본, 프랑스 등에서 진행 중인 다양한 중이온 충돌 실험에 참여하고 있다. 홍병식 교수는 "한국 연구 재단의 극한 핵 물질 연구 센터에 대한 연구비 지원과 인적 네트워크, 그리고 학생과 박사급 연구원이 있기에 적극적인 실험 참여가 가능했다."라고 말했다.

저에너지 핵물리학의 또 다른 관심은 무거운 원소의 기원이다. 홍병식 교수는 "철까지는 원자핵이 만들어지는 과정을 비교적 잘 알고 있다. 그러나 철보다 무거운 원소가 만들어지는 방법은 정확히 모른다. 초신성(supernova) 폭발이나 중성자별끼리의 충돌이 일어날 때 무거운 원소가 만들어질 것으로 추정되기는 한다. 이런 궁금증도 라온 실험을 통해 알아볼 수 있을 것이다."라고 기대했다. 인간은 모르는

홍병식 교수와 함께 중이온 가속기 현장을 둘러봤다.

것이 많고, 무지의 섬은 알아 갈수록 더 커진다고 했다. 핵물리학자들도 그런 것 같았다.

홍병식 교수를 처음 만난 건 2019년이었다. 이후 IBS 중이온 가속기 건설은 기술적인 문제로 어려움이 많았다. 홍 교수와 2021년 11월에 대전 신동의 중이온 가속기 건설 현장을 찾았다. 한인식 IBS 희귀핵 연구단 단장도 동행했다. 중이온 가속기 건설은 단계별 구축으로 2021년에 계획을 변경했다. 1단계로 저에너지 핵물리 실험을 할 수 있는 시설을 2022년 여름까지 마무리하고, 2단계로 고에너지 핵물리 실험을 위한 시설은 향후 연구 개발을 진행하며 추진하기로 했다. 물리학자들은 시설 구축과 가동을 위해 땀을 흘리고 있었다. 시간을 주고 기다려 줘야 한다고 생각했다.

11장　CERN의 입자 검출기에 사용할 기계 장치를 만들다

박인규

서울 시립 대학교 물리학과 교수

1992년 1월 5일 미국의 조지 허버트 워커 부시(George Herbert Walker Bush) 대통령이 한국을 찾았다. 박인규 서울 시립 대학교 교수는 당시 고려 대학교 물리학과 학생이었다. 박 교수는 그때를 떠올리며 "아버지 부시 때문에 나는 입자 물리학자가 되었다."라고 말했다. 미국은 입자 물리학 실험을 위해 텍사스에 초대형 초전도 충돌기(SSC)라는 차세대 입자 가속기를 짓고 있었다. 부시는 한국 정부에 SSC 프로젝트에 참여할 것을 요구했다. 그는 한국에 와서 노태우 대통령과 만나 '과학 기술 협력 협정'을 체결했고, 이어 7일 일본으로 가서 같은 요구를 했다. 박인규 교수는 "SSC 프로젝트에 일본이 10퍼센트 기여하니 한국은 2퍼센트 기여하라."라는 게 아버지 부시의 압박 내용으로 기억했다.

자료를 찾아보니, 한·미 양국은 "미국이 추진하는 초전도 입자 가속기 건설 사업에 2000년까지 240명의 한국인 과학 기술자를 파견하는 데 합의했다."라는 언론 보도가 있다. (MBC 뉴스데스크의 1992년 1월 6일 보도, 「한-미 양국 과학 기술 교류 본궤도」를 참조할 것.)

"입자 실험 물리학이 크게 성장할 거라는 이야기가 돌았다. 지금은 입자 물리학의 시대다, 장학금도 줄 거다 하고 선배들이 말했다." 박인규 교수는 아인슈타인의 상대성 이론을 공부하러 물리학과에 진학했다. 고려 대학교 석사 과정 때도 상대성 이론으로 논문을 썼다. 상대성 이론 전문가인 한양 대학교 이철훈 교수를 찾아가 배웠다. 박사 공부를 위해 유학을 떠나면서 입자 물리학으로 선회했다.

박인규 교수는 입자 가속기가 있는 스위스 제네바로 갔다. CERN에서 훈련받은 뒤 미국 텍사스에 들어설 SSC로 가자는 생각이었다. 1992년 파리 11 대학교로 갔고, 그곳 소속으로 CERN 실험에 참여했다. 당시 CERN에서 돌아가던 입자 가속기는 대형 전자 양전자 충돌기(Large Electron Positron Collider, LEP)였다.

LEP는 1989년부터 가동되었고, 2000년 11월까지 데이터를 얻었다. LEP 입자 검출 실험에 참여한 한국의 젊은 연구자들이 있었다. 이들은 CERN에 파견된 첫 번째 한국 물리학자 그룹이다. 박인규 교수는 이강영 경상 대학교 교수, 이재식 전남 대학교 교수, 김영균 광주 교육 대학교 교수와 같이 지냈다. 박인규 교수는 CERN의 알레프(ALEPH) 실험에, 이강영, 이재식, 김영균 박사 세 사람은 L3 실험에 참여했다. 알레프와 L3는 입자 검출기 이름이며, 입자 물리학 표준 모형을 검증하고, 표준 모형 너머의 물리학을 탐구하는 게 당시 실험의 목표였다. 검출기는 LEP 원형 터널의 특정 지점에 설치되어 있었다.

입자 충돌은 입자 검출기가 있는 지점에서 일어나도록 설계됐다.

1992년 어느 날 알레프 실험의 리더가 그룹 미팅을 소집하더니 "좋은 소식과 나쁜 소식이 있다."라고 말했다. 그는 "나쁜 소식은 아버지 부시 대통령의 후임인 빌 클린턴이 SSC를 죽였다는 것이다. 좋은 소식이란 그 결정이 유럽에는 좋을 수 있다는 것이다. CERN이 추진 중인 차세대 입자 가속기 LHC 구상이 실현될 가능성이 커졌다."라고 했다.

박인규 교수는 박사 과정 때 CERN에서 타우 입자의 수명을 정밀하게 측정했다. 타우 입자는 전자와 한 가족에 속하며, 질량은 전자보다 훨씬 무겁다. 그가 측정한 타우 입자의 수명은 $290.8 \pm 5.3 \pm 2.7$ 펨토초(fs, 펨토초는 10^{-15}초이다.)이다. $\pm$ 기호 사이에 들어 있는 숫자 5.3은 계통적 오차(systematic error)이고 그다음 2.7은 구조적 오차(structral error)다. 이 결과로 박인규 교수는 1995년 2월 박사 학위를 받았다.

박인규 교수는 "CERN에서 실험하면서 입자 물리학 데이터 분석 전문가가 되었다. 컴퓨터를 잘 다룰 수 있게 되었다."라고 말했다. 서울 시립 대학교 물리학과 홈페이지는 박인규 교수의 전공 영역을 입자 물리학과 전산 물리학이라고 전한다. 전산 물리학은 컴퓨터를 활용한 물리학을 말한다.

첫 번째 박사 후 연구원 시절은 스페인 바르셀로나에서 보냈다. 고에너지 물리학 연구소인 IFAE(Institut de Física d'Altes Energies)에서 3년 가까이 있었다. 이때도 스위스 제네바에서 이뤄지는 실험을 위한 연구를 했다. LHC에 붙일 입자 검출기 중 하나인 아틀라스에 들어가는

11장 CERN의 입자 검출기에 사용할 기계 장치를 만들다

칼로리미터 제작에 참여했다. 1996년이었다. 이때 그는 전산 물리학 실력을 발휘해 입자 검출기에서 나오는 입자 신호를 모니터링하는 소프트웨어를 짰다. 실험 물리학자 겸 전산 물리학 연구자로서 기여했다. 바르셀로나에서의 박사 후 연구원 시절이 끝나 가고 있어 일자리를 잡아야 했다. 그때 한국에 외환 위기가 닥쳤다. 1998년이었다. 한국에서 직장을 구할 수가 없었다.

다시 한번 전산 물리학 실력을 발휘해 구인 공고가 나오면 자동으로 지원서를 보내는 프로그램을 만들었다. 이 프로그램은 인터넷 사이트에 취업 공고가 뜨는지 확인하고, 사이트에 있는 인사 담당자 이메일 주소를 찾아 "Dear Mr. ○○○"로 시작하는 지원서를 자동으로 보냈다. 프로그램이 보낸 지원서를 보고 독일 기업 지멘스가 연락을 해 왔다. 소프트웨어 엔지니어를 찾는다고 했다. 미국 예일 대학교에서도 연락이 왔다. "ROOT 소프트웨어를 다룰 수 있는 사람을 찾는다. 브룩헤이븐 국립 연구소 실험이 앞으로 ROOT 프로그램을 쓰기로 했다. 때문에 우리가 개발한 프로그램을 ROOT로 바꿔야 하는데 그 일을 해 줄 수 있으면 좋겠다."라는 내용이었다. 박인규 박사는 예일 대학교로 갔다. 어머니가 "예일 대학교 교수가 되는 것은 집안의 명예다."라고 좋아하셨던 것도 예일행에 한몫했다. 물론 교수로 가는 것은 아니었다.

1998년 예일 대학교가 있는 미국 코네티컷 주 뉴헤이븐에 가서 스티븐 맨리(Steven Manly) 교수 그룹에서 일했다. 그런데 1999년 후반 예일 대학교를 떠나야 했다. 맨리 교수가 정년 심사에서 떨어졌기 때문이다. 맨리 교수는 "나는 로체스터 대학교에 부교수 자리를 얻었다. 같이 가겠는가?"라고 물었다. 박인규 교수는 로체스터로 옮겨 갔다.

로체스터 대학교에서는 브룩헤이븐 국립 연구소의 가속기 실험에 3년간 참여했다. 미국 생활 6년이 되었을 때 5,000달러를 이민 전문 변호사에게 주고 영주권을 신청했다. 영주권을 신청하면 그때부터 180일간 미국을 떠날 수 없다. 그런데 서울 시립 대학교 물리학과에서 연락이 왔다. 컴퓨터 잘하는 전산 물리학자를 찾는다고 했다. 서울 시립 대학교 물리학과를 이끌던 민현수 교수가 다른 대학과의 차별화를 위해 전산 물리학을 키우고 있다고 했다. 크리스마스 때 면접을 보고 한국에 돌아왔다.

박인규 교수를 따라 그의 서울 시립 대학교 실험실 3곳을 둘러보았다. 개학 전이고 코로나19가 대유행인 상황에서도 학생들은 책상 앞에 바짝 붙어 앉아 뭔가를 열심히 하고 있었다. "2004년부터 컴퓨터 교육을 많이 했다. 리눅스, 웹 HTML, LaTeX, 파이썬, C++, ROOT 등을 가르쳤다. 학생들이 컴퓨터 잘한다."

2012년 7월 4일 박인규 교수는 기자들 앞에 섰다. 당시 그는 한국 CMS 실험 그룹의 대표로 일하고 있었다. 그는 CERN이 힉스 입자를 발견했다고 발표했고, 힉스 입자 발견의 의미를 설명했다. CMS는 CERN의 입자 가속기 LHC를 가지고 입자 검출 실험을 하는 그룹이다. LHC는 27킬로미터 길이 진공 튜브에 설치된 입자 가속기이고, 그 진공관의 한 지점에 CMS가 설치되어 있다. CMS는 LHC에 부착된 입자 검출기 4개 중 하나다.

한국에는 고에너지 물리학자들이 쓸 수 있는 입자 가속기가 없다. 입자 물리학자는 고에너지 연구를 하려면 가속기가 있는 나라로 갈 수밖에 없다. 한국 정부는 2007년 CERN과 공동 연구에 합의하고 한국-CERN 협력 사업을 시작했다. CERN은 유럽 국가들이 함께 세운 입자 물리학 연구소인데, 한국이 공식 파트너로 참여했다. 한국은 LHC에 부착된 4개 검출기 그룹 중 CMS와 앨리스 그룹 실험에 참여했다. 박인규 교수는 서울 시립 대학교 대표로 CMS 실험에 참여했다. 한국 CMS 그룹의 초대 책임자는 최영일 성균관대 교수였다. 박인규 교수는 2007년 CERN 안에 한국 사무실을 마련했다. 2010년 3월부터 한국 CMS 그룹 대표로 일했고, 그해 LHC가 가동되면서 데이터가 쏟아졌다. 얼마 지나지 않아 입자 물리학자들이 기대했던 두 가지 결과 중 하나인 힉스 입자가 검출됐다. 박인규 교수는 이때 CMS 한국 대표로 한국 언론에 대응했다.

2012년 박인규 교수는 좋은 생각을 떠올렸다. 한국이 CMS 실험에 하드웨어로 기여하자는 구상이었다. 입자 가속기(LHC)에 장착해 놓은 입자 검출기 CMS는 모두 유럽 국가 연구자들이 만든 것이다. 가속기도 그렇지만 입자 검출기도 몇 년마다 보수하고 업그레이드를 한다. 박인규 교수는 기존 입자 검출기에 사용하던 저항판 검출기(resistive plate chamber, RPC)를 대체할 수 있는 장비로 기체 전자 증폭기(gas electron multiplier, GEM)에 주목했다. GEM은 입자 충돌에서 나오는 뮤온을 검출하는 장비에 장착된다.

박인규 교수는 한국 CMS 그룹 대표로 CERN의 미팅에 참여하면서, CMS 그룹이 GEM을 추가로 장착할 것이라는 걸 알았다. 한국 그룹이 GEM을 만들 수 있겠다고 판단했다. 한국-CERN 협약에 따르면 한국은 CERN에 20억 원 상당을 기여해야 한다. 이를 현금으로 주기보다는, 중소기업에 20억 원을 주고 GEM을 개발해 CERN에 납품하게 하자는 그림을 그렸다. 기업은 기술을 개발하고 고용 확대도 기대할 수 있다.

CERN에 가서 한국이 GEM 포일을 제공하겠다고 제안했다. 그리고 GEM을 만들 수 있는 한국 기업을 물색했다. 충청북도 음성에 공장을 갖고 있는 메카로(Mecaro)의 이재정 대표를 만났다. 힉스 입자가 발견된 지 얼마 되지 않았고, 또 기초 과학 발전에 기여할 수 있다는 말에 이재정 대표가 "한번 해 보자."라며 승낙했다.

작업의 핵심은 50마이크로미터 두께의 아주 얇은 연성 회로 기판에 정확하게 구멍을 뚫는 것이다. 구멍 1개 크기는 70마이크로미터이고, 구멍들 사이의 간격은 140마이크로미터이다. 뮤온이 검출기 내 기체 원자(아르곤)를 때리면 전자 1개가 나오게 되어 있다. 이 전자는 연성 회로 기판에 난 구멍을 통해 아래로 내려간다. 구멍 주위에는 높은 전기장이 걸려 있다. 전자 1개가 내려가는 동안 '전자 눈사태(electron avalanche, 전자 쇄도)' 효과에 따라 아르곤 원자를 계속 때리게 되고 그때마다 전자가 하나씩 추가로 나온다. 그러니 구멍을 빠져나오면 모두 해서 예컨대 전자 20개가 될 수 있다. 이 판을 3겹으로 만든다. 그러면 전자 1개로 시작했는데, 구멍 3개를 통과해서 아래쪽으로 나오는 전자의 수는 20×20×20 해서 8,000개가 된다. 뮤온이 들어

왔는지 확인하려면, 어느 구멍에서 전자가 쏟아지는가를 보기만 하면 된다.

얇은 판에 구멍을 정확하게 뚫기는 쉽지 않았다. GEM 검출기에 들어가는 포일 1개 크기는 가로 1미터×세로 50센티미터 크기이다. 포일 1장에 구멍을 2000만 개쯤 뚫어야 한다. 메카로는 5년 걸려 CERN과는 다른 방식으로 정확하게 구멍을 뚫는 데 성공했다. CERN은 위에서 파 내려가는 단면 방식이었으나 메카로는 위아래 양쪽에서 뚫는 양면 방식을 썼다. 2017년이었다. 박인규 교수는 한국의 선진 반도체 기술이 있기에 가능했다고 말했다.

메카로는 반도체 부품 장비 회사다. 2017년과 2018년에 GEM을 처음 제네바로 보냈고, 마지막 납품은 2024년이다. 모두 1,000장의 GEM을 공급하게 되며, 이는 총 26억 원에 해당한다. GEM 포일 제작 작업은 서울 시립 대학교, 서울 대학교, 성균관 대학교 3곳이 맡았다. 박인규 교수는 2022년까지 한국 그룹의 GEM 검출기 업그레이드 작업 총괄 책임을 맡고 있다.

입자 검출기에 사용하기 위해 만든 GEM 포일을 다른 용도로 사용할 수 있다. GEM 포일 제작 기술을 국산화한 기업인 메카로가 만든 상품 이미지를 박 교수가 보여 줬다. 치료용 엑스선 이미징 기술이다. 렌치, 치킨, 그리고 서울 시립 대학교 인근의 경동 시장에서 사 온 개구리를 엑스선으로 찍은 사진도 있다.

현재 의료용 엑스선 촬영은 질병을 발견하기 위한 진단용이다. GEM 검출기를 응용하면 진단용이 아닌 치료용 엑스선 촬영기를 만들 수 있다. 치료용 엑스선은 고에너지를 쓴다. 현재의 엑스선 건판은 고에너지 엑스선을 쏘이면 망가지나, GEM 검출기는 고에너지 엑스선으로 때려도 멀쩡하다.

"고에너지 엑스선에 쓸 수 있는 이미징 기술을 개발한 셈이다. 현재의 디지털 엑스선 기술은 오래 쓰면 화질이 떨어진다. GEM 검출기 포일은 괜찮다. 현재 이탈리아의 병원 일부가 치료용 엑스선 이미징 기술을 도입한 것으로 알고 있다." 더 좋은 점은 색깔이 들어간 엑스선 촬영을 할 수 있다는 점이다. 옛 그림에 사용된 물감을 알아내 훼손된 그림을 복원하는 데도 쓸 수 있다. 컬러 엑스선은 납, 카드뮴 같은 원소에 따라 다르게 반응한다. 이 성질을 이용하면 납으로 본 이미지, 구리로 본 이미지로 구분해 미술품을 분석할 수 있다.

GEM 포일을 활용할 수 있는 이야기는 무궁무진했다. GEM으로 만든 뮤온 단층 촬영기(muography)도 있다. '뮤온 스캐너'라고 부르기도 한다. 우라늄 등 핵 물질을 탐지할 수 있는 장치다. 세관을 통과하는 컨테이너 속에 신고되지 않은 핵 물질이 들어 있는지 확인할 수 있다. 엑스선 탐지기는 컨테이너의 철을 뚫고 내부를 들여다보지 못하나, 뮤온 스캐너는 볼 수 있다. 뮤온 스캐너를 컨테이너 벽에 가져다 대면 우라늄 같은 핵 물질이 있을 경우, 거기서 방출된 방사성 입자가 뮤온 스캐너에 반응한다.

일본은 화산 연구와 후쿠시마 원자력 발전소 상황을 알아내기 위해 뮤온 단층 촬영 장치를 사용한다. 2011년 동일본 대지진 때 후쿠시마 원전의 경우 원자로 내부의 우라늄 봉이 녹아내렸다. 노심이 어떤 상태인지 알아야 했는데, 사람이 직접 들어갈 수 없는 것은 물론이고 내부가 뜨거워 로봇도 투입할 수 없었다. 이때 물리학자가 나섰다. 원전 외부에서 뮤온 단층 촬영기로 반응로의 노심 위치와 상태를 확인했다. 당시 사용된 뮤온 검출기는 2대였고, 무게는 1대당 20톤이었다. 박인규 교수는 "한국도 원전 내부를 들여다보거나, 폭발 위험이 있는 백두산 모니터링에 뮤온 단층 촬영기를 사용할 수 있다."라고 말했다.

전산 물리학은 그의 주요 연구 영역 둘 중 하나다. 2016년 박근혜 대통령 하야를 요구하는 촛불 시위 때는 인파 규모를 알기 위해 촛불 세기 알고리듬(candle counter algorithm)을 만들기도 했다. 주최 측과 경찰이 언제나 시위대 규모를 다르게 이야기했다. 경찰 추산은 26만 명, 주최 측 추산은 100만 명 하는 식으로 엇갈린 주장이 나오기도 했다. "시위 현장 사진을 보니, 입자 충돌기에서 나오는 입자 충돌 사진과 똑같았다. 촛불을 입자로 보고 입자 개수를 세는 알고리듬을 만들었다."라고 그는 말했다. '촛불=입자' 방식으로 센 결과, 참석자 수가 60만 명으로 나왔다. 전산 물리학과 입자 물리학을 하는 과학자가 시위대 규모를 정확히 세어 보는 식으로 자신의 지식을 쓸 수 있다는 게 흥미로웠다.

박인규 교수는 자신의 연구 궤적과 관련해 "상대성 이론을 하다 입자 실험을 하고, 검출기를 개발하고, 컴퓨터 소프트웨어를 개발했다. 뭐 하나 제대로 하지 않고 연구 분야를 바꾸는 걸 계속했다."라며 웃었다. 재밌게 연구 생활을 하고 있다고 나는 생각했다. 한 우물 공략도 좋으나, 여러 우물을 보고 다니는 것도 나쁘다고 할 수 없다. 사람의 기질 문제라고 생각했다.

12장 양자 우주 속 새로운 대칭성을 찾는다

양운기
서울 대학교 물리 천문학부 교수

양운기 서울 대학교 물리 천문학부 교수 관련 자료를 찾다가 중학교 때 장래 희망이 7급 공무원이었다는 내용을 보았다. 의아했다. '대통령이나 우주 비행사를 꿈꿀 나이인데?' 양운기 교수는 입자 물리학 분야에서 한국을 대표하는 실험가 중 1명이다. 10대 초반에 '7급 공무원'이라는 소박한 꿈을 가졌던 그가 어떻게 서울 대학교 교수라는 한국 최고의 지식인이 되었을까? 그 이야기가 궁금했다. 서울 대학교 식당에서 양운기 교수 취재는 그렇게 시작했다.

그는 10대 중반까지만 해도 학업에는 큰 뜻이 없었다. 다니던 중학교에서 장래 희망을 써내라고 했는데 9급 공무원을 장래 희망으로 쓰기는 뭐해서, 그보다 한 단계 높은 7급 공무원이라고 썼다. 중학교 2학년 때 '계기'가 있어 공부해야겠다고 마음먹었다. (그는 '계기'가 무엇인지 내게 말했지만 알려지는 것은 원치 않았다.) 성적이 꾸준히 올라갔다. 과학과 수학 성적이 특히 좋았다. 그는 원자력 발전소에 취업하기로 꿈을 바

12장 양자 우주 속 새로운 대칭성을 찾는다

꿨고, 이를 위해 고려 대학교 물리학과에 진학했다. 물리학과에서 원자핵에 관해 배운다고 알았기 때문이다.

물리학과 대학원 석사 과정 때 일본 KEK에 파견돼 10개월간 일할 기회가 있었다. 당시 KEK는 톱 쿼크 입자 발견을 목표로 트리스탄 가속기를 가동하고 있었다. 양운기 학생은 그 가속기에 부착된 입자 검출기인 AMY 실험에 참여했다. 석사 학생이 외국 실험 기관에 나가는 일은 드물다. 이곳에서 미국 로체스터 대학교 물리학 교수 스티븐 올슨을 알게 됐다. AMY 실험의 공동 대표이던 그는 미국에서 가끔 일본에 왔다. 올슨 교수가 고려 대학교 강주상 교수의 제자인 양운기 학생을 좋게 봤다. 올슨은 "학부 졸업 후에 로체스터 대학교로 공부하러 오라."라고 제안했다. 양운기 교수는 "대학 진학 때만 해도 석사, 박사라는 게 있는지도 몰랐다."라고 했다.

그러니까 올슨 교수는 한국 물리학자들을 일본에서 진행된 입자 물리학 실험을 통해 알게 되었고, 양운기 교수 그리고 그의 고려대 선배인 김선기 서울대 교수와도 가까운 사이다. 스티븐 올슨은 미국 대학에서 퇴직한 후에는 동아시아로 근거지를 옮겼고, 2022년 현재 대전에 살며 IBS 지하 실험 연구단을 '장기 자문 전문가' 자격으로 돕고 있다.

로체스터 대학교는 고에너지 물리학의 대표적인 학회인 '로체스터 학회'의 발상지다. 1950년대 로버트 마샥(Robert Marshak) 교수가 고에너지 분야의 이론가와 실험가를 초청해 매년 학회를 열었다. 학회가 시작된 지 10년쯤 지났을 때 고에너지 물리학 국제 학회(International

Conference on High Energy Physics, ICHEP)로 이름을 바꿨다. 그리고 격년마다 장소를 옮겨 가며 열었다. 2018년 대회는 서울에서 열렸다. 양운기 교수는 2018년 ICHEP 서울 대회 공동 위원장으로 일했다. "ICHEP가 고에너지 분야의 대표적인 학회냐?"라는 질문에 그는 "The Conference."라는 말로 ICHEP의 권위를 설명했다.

로체스터에서 생활한 지 6개월쯤 됐을 때였다. 지도 교수 올슨이 학교를 떠난다고 말했다. 충격이었다. 올슨 교수는 같이 하와이 대학교로 가자고 했다. 양운기 학생은 "내가 당신을 좋아하긴 하는데 하와이로 가면 공부를 하지 않을 것 같다."라며 거절했다. 올슨 교수는 그렇다면 다른 교수를 소개해 주겠다고 했다. 이름을 들어 보니 아리 보덱(Arie Bodek)이라는 악명 높은 유태계 교수였다. 일본 AMY 실험에서 일할 때 그에 대해 나쁜 소문을 들었다. 보덱 교수도 AMY 실험에 참가했다. 로체스터 대학교에 유학 가더라도 꼭 피해야 할 사람이라고 생각하고 있었다. 올슨은 고민하는 제자에게 말했다. "정말 나를 믿는다면 내 말을 듣고 그에게서 배워라." 다른 선택이 없었다. 결과는 반전이었다. 보덱 교수는 탁월한 선택이었다. "나와 정말 잘 맞았다. 이보다 좋을 수 없었다."

양운기 대학원생이 박사 과정을 보낸 현장은 페르미 국립 가속기 연구소다. 당시 페르미 연구소는 세계 최고의 입자 물리학 연구소였다. 반지름 6.3킬로미터 원형 입자 가속기 테바트론을 운영하고 있었다. 양성자와 반양성자를 정면 충돌시키고 짧은 순간 상상할 수 없는 뜨거운 온도에서 생성되는 입자들을 연구했다. 당시 페르미 연구

12장 양자 우주 속 새로운 대칭성을 찾는다

소에는 로체스터 대학교와 시카고 대학교 등 많은 대학의 박사 과정 학생들이 와서 실험하고 공부했다. 로체스터에서 페르미 연구소까지는 수백 킬로미터 거리였다. 보덱은 제자들 연구를 지도하기 위해 2주에 한 번씩 로체스터에서 페르미 연구소로 왔다. 양운기 학생은 박사 과정을 시작한 첫 6개월을 제외하고 나머지 기간은 모두 페르미 연구소에서 보냈다.

4년이 지나고 2001년 박사 학위를 받았다. 학위 논문은 2002년 페르미 연구소 최우수 논문으로 선정됐다. 당시 페르미 연구소에서 연구하며 박사 논문을 쓰는 학생은 1년에 100명이었다. 그때 양운기 교수는 삶에 대해 자신감을 얻었다.

논문은 중성미자와 핵자의 반응을 통한 양성자 구조를 연구한 것이다. 논문 제목은 「철에 대한 대전류 중성미자 상호 작용에서의 차동 단면 측정 및 전지구적 구조 함수 해석(A Measurement of differential cross sections in charged current neutrino interactions on iron and a global structure functions analysis)」이다. 그는 양성자 구조 분야에서 세계 최고의 전문가였다. 당시까지 15년간 풀리지 않았던 문제 5~6개를 풀었다고 했다. 양성자 안에 들어 있는 쿼크의 운동량은 어떠한지 그 분포를 알아내는 것이 목표였다. 물리학자들은 중성미자를 통해 양성자 구조를 보고 전자를 통해 양성자 구조를 봤는데, 그 둘이 일치하지 않았다. 양운기 교수는 이 불일치 문제에 대한 답으로 당시 '보덱-양 파톤 분포(Bodek-Yang parton distribution)'라는 모형을 내놨다. 양운기 교수와 그의 스승 보덱 교수의 이름을 붙인 모형이다.

2006년 양운기 교수는 영국 맨체스터 대학교 물리학부 교수가 되었다. 맨체스터 대학교는 1909년 어니스트 러더퍼드(Ernest Rutherford)가 원자핵을 발견한 곳이다. 러더퍼드는 헬륨 원자핵, 당시에는 알파 입자로 알려져 있던 것으로 금박을 때렸을 때 그 원자핵이 뭔가에 충돌하고 비껴 나오는 것을 보고, 금박 속 물질을 이루는 원자 안에 단단한 원자핵이 있다는 것을 알아냈다.

양운기 교수의 영국 선택은 세계 입자 물리학의 중심지가 미국에서 유럽으로 바뀌는 것과 맥락을 같이한다. "입자 물리학 연구자는 최전선 연구를 하는 실험실 바로 옆에 있어야 한다. 시카고 대학교가 유명했던 이유는 페르미 연구소가 옆에 있었기 때문이다." 미국은 페르미 연구소의 테바트론 입자 가속기 이후 차세대 입자 가속기를 건설하지 않았다. 텍사스 웍서해치에 SSC를 건설하다가 중도 포기했다. 반면 유럽은 CERN의 입자 가속기를 지속적으로 업그레이드했다. 그리고 LHC라는 차세대 입자 가속기를 지었다. 2008년 LHC가 가동에 들어간 이후 CERN은 입자 물리학 및 핵물리학의 중심지가 되었다. 그는 맨체스터 대학교 소속으로 영국 LHC 아틀라스 그룹에 소속되어 일했다. 아틀라스는 CMS 실험 그룹과 더불어 LHC의 대표적인 입자 검출 실험이다.

양운기 교수는 영국 대학이 얼마나 잘 가르치는지 강조했다. 교수 강의는 동료 교수가 평가하고, 학생들은 강의에 대해 공식적으로 의견을 제시하는 시간을 갖는다. 학생 평가는 놀라울 정도로 공정하고 까다로웠다. 시험 문제는 학기 시작 직후 모범 답안과 함께 작성해 학교에 제출해야 한다. 학교는 시험 문제에 이상이 없는지 심사한다. 또 시험이 끝난 뒤에는 교수의 채점 결과가 공정한지를 이중 삼중으로 확인한다. 반면 한국은 상대적으로 강의가 등한시되고, 연구에 치중해 교수의 실적을 평가한다.

양운기 교수는 수학과와 물리학과 학생 수가 한국과 비교할 수 없을 정도로 많은 점도 강조했다. 맨체스터 대학교의 한 학년당 학생 수는 수학과 500명, 물리학과 250명이다. 반면 서울 대학교의 수리과학과는 35명 안팎이고 물리학과는 50명 선이다. "이런 현상을 보고 나는 두려웠다. 많이 아는 것이 중요한 시대가 아니다. 논리를 새롭게 전개할 수 있느냐가 중요하다. 수학과나 물리학과 졸업생이 많다는 것은 생각할 줄 아는 사람이 많다는 뜻이다. 영국 사람 5명이 생각할 때 한국 사람은 불과 1명만 생각한다면 앞으로 어떻게 되겠는가."

맨체스터 대학교 물리학과에 진학한 250명이 모두 물리학을 공부하는 건 아니다. 맨체스터 대학교 물리학과에는 '비즈니스와 함께하는 물리학', '철학과 함께하는 물리학', '음악과 함께하는 물리학', '기술과 함께하는 물리학' 그리고 '물리학' 등 모두 6개 과정이 있다. 졸업하고 음악 대학에 갈 사람과 철학을 공부할 사람도 물리학을 공부한다. 대학원에 가서 물리학 공부할 사람의 비율은 물리학과 학생 중 35퍼센트 정도다. 또 공과 대학에는 외국인 유학생이 많으나 물리학과에는 압도적으로 영국 사람이 많다. "영국에서 생계는 어떻게든 해결된다. 사회 복지도 잘 되어 있다. 그렇기 때문에 영국 사람은 자신이 하고 싶은 공부를 한다. 공과 대학에 가지 않고 자연 과학 대학에 진학한다."

양운기 교수는 서울 대학교로부터 물리학과 교수직 제안을 받고 고민 끝에 한국으로 돌아왔다. 2013년이었다. 그의 삶의 궤적을 듣는 데도 2시간 30분이 지났다. 이러다가 연구 관련 이야기를 언제 듣나 하는 조바심이 났다. 그의 연구실로 자리를 옮겨 연구 이야기를 듣기로 했다.

연구실 벽면 칠판에 "양자 우주에서 대칭성 탐사 연구실"이라고 적혀 있다. 한국 연구 재단의 지원을 받아 서울 대학교 교수 4명과 2015년부터 공동으로 수행 중인 프로젝트 이름이다. '양자 우주에서 대칭성 탐사'에 등장하는 '양자 우주'라는 용어는 우주를 양자 역학으로 보겠다는 뜻이라고 생각했다. 양자 역학은 원자 규모의 세계에서 작용하는 힘을 설명하는 물리학이다. 대칭성은 익숙한 용어다. 대칭의 대표적 사례는 나비의 몸이다. 날개가 양쪽으로 대칭을 이룬다. 물리학자가 사용하는 대칭이라는 용어는 이와 조금 다르다. 좌우 대칭도 있으나, 시간 대칭, 공간 대칭, 전하 대칭 등이 있다.

양운기 교수는 시간의 대칭성을 이렇게 표현했다. "오늘 한 물체가 위에서 아래로 떨어지는 데 1초가 걸렸다면, 내일 실험을 해도 같은 시간인 1초가 걸려야 한다. 시간에 무관하게 물리학은 똑같아야 한다. 공간 대칭성도 비슷하다. 한국에서 낙하 시간이 1초였다면 맨체스터에서도 1초여야 한다."

물리학자는 대칭성을 나침반 삼아 새로운 물리학을 개척해 왔다.

새로운 대칭성을 찾으면 새로운 물리량이 확인됐다. 특정 대칭성에는 그에 대응하는 보존 물리량이 있었다. 물리계의 대칭성과 보존량의 이러한 관계를 설명한 물리 법칙을 '뇌터 정리(Noether's theorem)'라고 한다. 뇌터 정리는 1915년 독일 괴팅겐 대학교 여성 물리학자 에미 뇌터(Amalie Noether)가 증명했다.

모든 것이 대칭적이면 한편으로는 아무것도 없는 것과 같다. 대칭은 깨져야 하며, 실제로 우주는 대칭이 조금씩 깨져 있다. 양 교수가 물고기를 예로 들었다. 물고기는 자신이 물속에 사는지 모른다. 물을 없애거나 물속에 거품이 있어야 자신이 물속에 있는 줄 알 수 있다. 거품은 내가 있는 세상의 일부가 없어진 것이다. 사라짐이 살고 있는 세상의 모습을 드러낸다.

"자연은 비대칭적인 시스템이다. 가령 우주는 태초에 물질과 반물질에 대한 대칭성을 가지고 시작했다. 하지만 그 대칭성은 깨졌다. 시

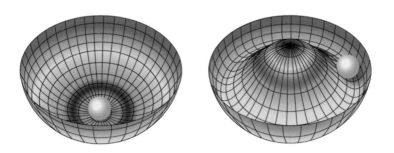

왼쪽 그림은 공이 놓인 가운데 지점에 대해 공간이 대칭적이다. 반면 오른쪽 그림은 곡면의 모양이 달라져 공이 한쪽으로 이동해 있어, 대칭이 깨진 모습을 나타냈다. 이론적으로는 대칭성이 존재하지만, 실제 세계에서는 대칭성이 깨질 수 있는데 이를 자발적 대칭성 깨짐이라 한다.

간이 흐르자 반물질이 모두 사라진 것이다. 지금은 물질만이 가득 찬 우주가 되었다. 약한 상호 작용 현상은 거울을 통해서 보면 다르게 나타난다. 왼손잡이와 오른손잡이의 대칭성이 깨진다. 특히 중성미자는 왼손잡이 입자만 관측된다. 오른손잡이 입자는 보이지 않는다." 양운기 교수는 깨진 대칭성을 이해하기 위해 오른손잡이 중성미자를 찾아 나섰다.

그는 질량과 관련된 잃어버린 대칭성을 찾고 있다고 말했다. 칠판 한쪽에 써놓은 "양자 우주에서의 대칭성 탐사"라는 글 아래 무엇인가 쓰여 있었다. "① 질량에 관한 잃어버린 대칭성. 전기를 띤 힉스, 오른손잡이 중성미자 검출 ② 힘에 관한 잃어버린 대칭성."

첫 번째 질량과 관련된 내용은 개인 연구다. 전기를 띤 힉스 입자나 오른손잡이 중성미자를 발견한다면 그것은 새로운 대칭성이 있다는 의미다. 힉스 입자는 2012년 CERN에서 발견된 바 있고 질량을 주는 입자라고 알려져 있다. 양운기 교수는 질량의 기원을 규명하는 연구와 관련해 힉스 입자가 한 종류인지 다섯 종류인지 확인하는 작업을 하고 있다. 초대칭 이론에 따르면 힉스 입자는 다섯 종류다. 그중에 전하를 가진 입자가 예상된다. 때문에 전기를 띤 힉스 입자를 찾는다면 표준 모형에서 설명할 수 없는 초대칭성이 우주에 존재하는 것을 확인할 수 있게 된다.

중성미자 연구도 오래전부터 해 왔다. 박사 과정 학생이던 페르미 연구소 시절부터 중성미자를 연구했다. 중성미자는 전기적으로 중성이며 가벼운 입자다. 지금까지 왼쪽으로 돌며 앞으로 움직이는 왼손잡이만 확인했다. 반대 방향으로 '스핀(spin)'하는 오른손잡이는 발견되지 않았다. 오른손잡이 중성미자 발견은 힉스 입자보다 더 큰 발견이 될 것이라 기대한다.

그는 LHC에서 보낸 데이터를 들여다보며 전기를 띤 힉스 입자와 오른손잡이 중성미자의 흔적을 샅샅이 찾고 있다. 새로운 대칭성을 만족시키려면 새로운 입자가 있어야 한다. 그는 LHC를 통해 새로운 입자를 찾는 작업을 "절반 정도 했다."라고 평가했다. 데이터는 5퍼센트 정도 봤지만 그런 입자가 있다면 머지않아 찾을 수 있을 것이다.

양운기 교수는 2016년부터 한국 CMS 그룹 대표로 일하고 있다. CERN과 한국 정부의 협력 사업이다. 그룹에서는 모두 120명이 일한다. 교수 18명, 박사 20여 명, 대학원생 70여 명이다. 양 교수는 "대학원생 수가 4년 전 40명에서 갑절 가까이 늘었다. 물리학 분야 연구자 수가 한국에서 줄어들고 있는 것과는 다르다. 관심과 연구 열기가 높다."라고 말했다. 그는 CERN에 CMS 그룹 소속 연구자를 파견하고 있다. 로체스터 대학교 유학 당시 지도 교수가 자신을 페르미 연구소에 보냈듯이, 그도 박사 과정 4명과 박사 연구원 3명을 장기 파견하고 있다. 이들은 통상 1년 정도 체류하며 지상 최대의 입자 가속기에서 나오는 실험 데이터를 가지고 연구한다. 양운기 교수는 연구 활동비 제약 때문에 젊은 연구자를 더 파견할 수 없는 사정을 안타까워했다.

양운기 교수는 "120명인 한국 CMS 그룹의 연구비가 1년에 29억 원밖에 안 된다. 그나마 약간 증액된 것이 그렇다."라고 말했다. 한국 CMS 그룹의 연구는 한국 연구 재단으로부터 예산 지원을 받고 있다.

한국 CMS 그룹은 8명의 교수를 배출했다. 지난 3년간 평가에서도 최고 등급인 S 등급을 받을 정도로 업적을 인정받았다.

4시간 30분이 걸린 인터뷰는 흥미로웠다. 7급 공무원이 되겠다던 그는 서울 대학교 교수가 되었고, 그중에서도 가장 우수한 그룹을 가르치고 있다. 반전을 거듭하며 안 보이던 길을 만들어 온 성공 신화를 들은 듯했다.

13장 입자 검출기용 초고속 카메라를 만든다

유인권
부산 대학교 물리학과 교수

부산 대학교 유인권 교수는 핵물리학자다. "핵물리학자라고 소개하면 사람들이 경호원 데리고 다니냐고 묻는다."라며 그는 웃었다. 아니라는 뜻이다. 어떤 친구는 북한이 핵폭탄을 가지고 있느냐고도 물어왔다. 그가 강의하고 있을 때였다. "그걸 내가 어떻게 아니?"라고 대꾸했다. 영화 속에 등장하는 핵물리학자들은 뭔가 알아듣기 힘든 말을 한다. 사람들은 핵물리학이 무엇인지 모른다.

　유인권 교수는 핵물리학과 입자 물리학의 차이를 아느냐고 내게 물었다. 당황했다. 입자 물리학은 우주를 이루는 기본 입자가 무엇인지 탐구하는 것으로 알고 있다. 그런데 핵물리학은? 태양이 왜 저렇게 뜨거운지를 20세기 중반에 핵물리학자가 알아냈다는 사실이 떠올랐다. 수소를 연료로 해 가동되는 이 우주의 용광로에서 수소보다 무거운 원소인 헬륨, 탄소, 산소가 합성된다. 별이 빛나는 이유는 그 과정에서 나오는 막대한 에너지 때문이다. 그럼에도 불구하고 나는

'핵물리학이란 무엇인가?'라는 질문에 똑 부러지는 답을 내놓지 못했다.

유인권 교수는 입자 하나를 갖고 씨름하는 게 입자 물리학이고 입자 다수가 모여 만들어 내는 통계적인 효과를 연구하는 게 핵물리학이라고 정리했다. 나중에 온라인 백과사전을 찾아보니 "핵물리학은 원자핵을 연구하는 학문"이라고 정의해 놓았다.

북부 대전에 중이온 가속기를 짓고 있고, 그곳은 핵물리학 연구소다. 중이온은 양성자를 3개 이상 가진 원자핵을 가리킨다. 부산 기장에 들어오는 '암 치료용 중입자 가속기'의 중입자도 중이온을 달리 표현한 것일 뿐이라고 했다.

핵물리학은 에너지에 따라 저에너지 핵물리학, 중에너지 핵물리학, 고에너지 핵물리학으로 나뉜다. 고에너지 핵물리학은 쿼크가 어떻게 양성자나 중성자 안에 들어가게 됐을까를 연구한다. 쿼크는 우리 우주에서는 낱개로 존재하지 않는다. 양성자나 중성자와 같은 강입자 안에 들어가 있다. 즉 '속박(confinement)'돼 있다. 쿼크는 물질의 기본 입자이고, 쿼크와 쿼크끼리 느끼는 힘을 강력이라고 한다. 이 힘은 글루온이라는 입자가 매개한다. 강력을 연구하는 물리학을 따로 양자 색역학이라고 한다. 쿼크와 글루온은 초기 우주에서는 자유롭게 돌아다녔을 것으로 추정된다. 언제부터 '속박'되었을까? 핵물리학자는 초기 우주에서처럼 자유롭게 돌아다니는 쿼크를 보고자 한다.

핵물리학자들은 낱개 쿼크를 보고 싶다는 열망에서 쿼크를 서로 떼어 놓을 수 있는지를 알아봤다. 쿼크끼리 느끼는 힘은 두 입자 간

거리가 멀어질수록 강해졌다. 처음 보는 현상이었다. 우리가 아는 물체는 거리가 멀어지면 서로 힘을 거의 느끼지 못할 정도로 약해진다. 그런데 쿼크끼리 느끼는 힘은 반대로 작용한다. 가까이 있으면 약해지고 멀면 강해진다. 마치 용수철과 같다. 핵물리학자들은 쿼크를 떼어 놓는 데 실패했다.

고에너지 핵물리학자들은 다른 길을 찾아 나섰다. "핵자를 부수거나 쿼크를 떼어 내려고 잡아당기지 않았다. 대신 꽉 눌렀다. 양성자 안의 쿼크 밀도를 높였다. 힘을 줘 누르면 온도가 올라간다. 온도가 올라가면 내부 입자들의 움직임이 활발해지고 공간이 좁아지는 효과가 나타난다. 그렇게 하면 쿼크들이 용수철과 같은 강력에서 벗어날 것으로 기대했다." 이런 방식으로 자유롭게 돌아다니던 쿼크가 언제, 어떤 조건에서 강입자 안으로 속박되었는지 추적했다.

현재 우주에서 볼 수 없는 이 특이한 상태의 쿼크 입자를 볼 수 있는 곳은 실험실뿐이다. 초기 우주는 쿼크와 글루온이 속박되어 있지 않은 쿼크-글루온 플라스마인 QGP 상태로 존재했을 것으로 추정된다. 고에너지 핵물리학자는 쿼크와 글루온이 QGP가 되는 조건, 양자 색역학의 상전이를 알아내려고 한다. 입자 충돌기라는 거대한 실험 장치는 아주 짧은 시간이지만 초기 우주 상태를 만든다. 이때 QGP를 볼 수 있을지 모른다. 초대형 양성자 싱크로트론(Super Proton Synchrotron, SPS), 상대론적 중이온 충돌기(Relativistic Heavy Ion Collider, RHIC), LHC가 고에너지 핵물리학자가 사용해 온 도구다.

유인권 교수는 서울 대학교 천문학과 86학번으로 1991년 독일 마르부르크 대학교로 유학을 갔다. "독일은 천문학과가 없어 물리학과로 들어갔는데 물리학이 너무 재밌었다." 석사 과정 때 다름슈타트에 있는 GSI 헬름홀츠 중이온 연구소에서 실험을 했다. 1997년 박사 과정부터는 CERN으로 옮겨 실험을 했다. CERN에 SPS라는 입자 가속기가 있었다.

유 교수는 "SPS로 했던 중이온 충돌 실험에서 QGP 신호를 봤다고 생각했다. CERN은 2000년 새로운 물질 상태를 보았다고 발표했다. 내가 이 연구에 참여했다. 2001년 박사 학위 논문도 이와 관련한 연구다."라고 말했다. 박사 학위 논문은 'QGP 수명'에 관한 것이다. 초기 우주에서 QGP가 존재한 시간이 얼마인가 실험했다. 케이온(kaon, 케이 중간자(K meson)라고도 한다.)이라는 입자의 상관 관계를 통한 실험으로 그 시간이 10^{-22}초라는 것을 확인했다.

유인권 교수가 노트북을 켰다. 카이스트에서 열린 '미래 가속기' 워크숍에서 발표한 「중이온 물리학의 현재와 미래 전망」이라는 발표 자료를 보여 줬다. 양성자와 양성자 충돌, 양성자와 납 충돌, 납과 납 충돌에서 각각 나오는 2차 입자들의 궤적을 비교한 이미지다. 양성자와 양성자 충돌 실험은 입자 물리학 실험이고, 다른 2개는 고에너지 핵물리학 실험이다. 납의 원자핵 안에는 양성자 82개와 중성자 126개가 들어 있다. 양성자 1개가 다른 양성자 1개와 충돌할 때와, 수백 개의 양성자, 중성자가 들어 있는 납과 납이 충돌할 때 나오는 2차 입자들의 수는 비교가 되지 않았다.

CERN의 1990년대 SPS 실험을 QCD 상전이 탐색 1단계라고 하면,

2단계 탐색은 2000년대 미국 브룩헤이븐 국립 연구소가 이끌었다. 브룩헤이븐은 RHIC라는 핵물리학 실험 전용 입자 충돌기를 갖추고 있다. 연구소는 뉴욕 주 롱아일랜드 브룩헤이븐에 있다. RHIC의 충돌 에너지는 SPS의 충돌 에너지인 20기가전자볼트보다 10배 높다. 즉 200기가전자볼트다.

이 실험에서는 금과 금 원자핵을 충돌시켰다. 금 원자핵 안에는 양성자 79개와 중성자 118개가 들어 있기 때문에 충돌 시 엄청나게 많은 입자가 부딪친다. 충돌하면서 나온 2차 입자들의 운동을 본 결과 운동량 보존 법칙이 깨지는 것을 확인했다. 쿼크와 같은 강입자들은 충돌 원점에서부터 밖으로 튕겨 날아가며 입자 빔, 즉 제트(jet)를 만든다. 그런데 제트가 한쪽 방향으로만 나왔다. 제트가 한쪽으로 보인다면, 원점에서 반대쪽으로도 다른 제트가 나와야 한다. 그래야 전체적으로 운동량이 0이 된다. RHIC에서 나온 결과는 달랐다. 당구공 2개가 충돌했으나, 당구공 1개만 움직이고 다른 당구공 1개는 그냥 서 있는 이상한 모습이었다.

"무언가가 한쪽 제트를 다 흡수한 것이다. 알 수 없는 무엇인가 완벽하게 빨아들였다. 'QGP겠지.'라고 생각했다. 이를 알아내기 위한 많은 연구가 진행됐다. 이 제트 입자들을 흡수한 어떤 물질은 유체와 같았다. 초기 우주는 물 같았다."

RHIC 데이터를 연구한 결과, 이 유체와 같은 물질은 점도와 엔트로피가 0에 근접한, 이상 유체(ideal fluid)에 가깝다는 것이 드러났다. 2차 입자들을 완전히 흡수해 일종의 유체 에너지로 만들었다. 당시 해

13장 입자 검출기용 초고속 카메라를 만든다

외 언론은 이 발견을 크게 보도했다. 한국 언론은 주목하지 않았다. 유인권 교수는 "고에너지 핵물리학 커뮤니티가 작아서 그런지 모르 겠다. 핵물리학에 대한 한국 사회의 관심과 응원이 필요하다."라고 말했다.

2004년부터 브룩헤이븐 국립 연구소 중이온 충돌 실험 중 하나인 '스타(STAR, Solenoid Tracker at RHIC)' 실험에 참여했다. 유인권 교수는 "부 산 대학교 교수가 된 후 1호 박사 제자를 배출한 곳도 이곳이다."라며 스타 실험과 특별한 인연이 있음을 말했다.

QCD 상전이 연구 3단계는 2010년대 들어 유럽의 CERN으로 무대 가 바뀌었다. CERN이 LHC를 가동하기 시작했기 때문이다. LHC는 1 년 중 11개월은 양성자와 양성자 충돌 실험을 하고 나머지 1개월은 납과 납 충돌 실험을 수행한다. 납과 납 충돌 실험은 앨리스 검출기 로 들여다본다. 그 충돌 에너지 크기가 2.76~5.5테라전자볼트나 된 다. RHIC 충돌기보다 충돌 에너지가 10~20배가 높아졌다. 유인권 교수는 앨리스 실험에 참여했다. 2009년부터 2016년까지 한국 앨리 스 팀 대표로 일했다.

앨리스 실험은 양성자와 양성자 충돌 결과와 납과 납 충돌을 비 교해 새로운 사실을 발견했다. 납 원자핵과 납 원자핵이 충돌할 때만 QGP가 만들어질 것이라고 기대했으나, 양성자와 양성자 충돌에서 도 비슷한 결과를 확인했다. 양성자와 양성자 충돌에서 작은 QGP, 마치 방울과 같은 QGP가 만들어지는 것처럼 나왔다. 양성자와 양 성자 충돌과 납과 납 충돌에서 같은 효과가 나타나는 '점진적인 진화(smooth evolution)'라고 불리는 이 결과는 혁명적이었다. 한국 앨리스 그룹이 크게 기여했다. 연구 결과는 학술지《네이처 피직스(Nature Physics)》2017년 7월에 실렸다.

이제 어떻게 할 것인가? 양성자와 양성자 충돌에서도 작은 QGP가 나온 것 같은 결과를 어떻게 보아야 할까? 납과 납 충돌까지 그동안에는 꽉 눌러서 온도가 올라가면 물질의 밀도가 높아지는 듯한 효과를 이용했다. 고에너지 핵물리학자는 이번 실험 결과를 통해 배운 것이 있다.

"온도가 높은 곳에서 생긴 물질과 밀도가 높은 곳에서 생긴 물질은 성질이 다른 것 같다. 그동안은 쿼크의 한 종류인 스트레인지 쿼크를 주로 봤으나 고에너지로 가면서 점점 더 참 쿼크(charm quark)를 많이 봐야 한다고 생각한다. 앨리스 검출기 성능을 높여야 했다. 2020년까지 대대적인 업그레이드를 마치고 2021년 가동에 들어간다."

앨리스 그룹은 입자 궤적 분해능을 높이고, 데이터 찍는 속도를 높이고, 검출기 두께를 얇게 해 입자 정보가 왜곡되는 것들을 줄이려 한다. 목표를 수행하기 위해 새로 설치하는 장비가 내부 궤적 검출기(inner tracking system, ITS)이다. ITS에 들어가는 실리콘 검출기 제작에 부산 대학교가 적극적으로 참여했다.

유인권 교수 연구실은 6층에, 실리콘 검출기 실험실은 2층에 있다. 방에 들어가니 청정실이 있고 그 안에 크고 작은 설비들이 있다. 청정실 안에 들어가려면 방진복을 입어야 해서 들어가지는 않았다.

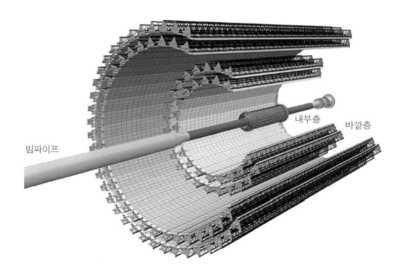

내부층 바깥층

빔파이프

앨리스 실험의 입자 궤적 분해능을 높이기 위해 개발한 내부 궤적 검출기의 개념도.
유인권 교수 제공 사진.

청정실 밖 실험실 벽에는 ITS 개념도가 크게 걸려 있었다. 구조를 이해하기 좋았다. ITS는 입자 검출기 앨리스의 맨 안쪽이자 입자들이 정면 충돌하는 LHC의 진공 파이프에 바짝 붙어 빔 라인을 감싸고 있다. 중심에서부터 보면 실리콘 레이어가 7겹이다. 가장 안쪽 층은 CERN이 직접 제작하고, 나머지 6겹의 실리콘 레이어는 세계 5곳에서 나눠서 제작한다.

"ITS는 1초당 10만 번 촬영하는 픽셀 125억 개의 디지털 카메라다. 입자가 날아가는 모습을 거의 실시간으로 찍는다. 기존에는 1초당 1,000번 찍었다. 지금까지 이렇게 빠르게 찍는 카메라는 없었다."

2016년 후반부터 2019년 6월 초까지 ITS의 실리콘 검출기를 제작했다. 1단계는 2018년 3월까지 검출기에 들어가는 칩을 제작하고 성능을 검사했다. 2단계는 칩을 회로 기판에 연결하는 작업이다. 연구 개발과 인건비를 포함해 총 400억 원 규모의 프로젝트다. 칩이 들어간 웨이퍼는 이스라엘 기업에서 생산하고 웨이퍼 전량을 한국 업체가 받아서 가공했다.

"칩을 가공할 기업부터 와이어 본딩(wire bonding, 지름 10마이크로미터 전후의 금제 또는 알루미늄제 와이어를 이용해 회로 기판의 전극 등을 연결하는 작업을 말한다.)을 할 업체에 이르기까지 모두 직접 찾아야 했다. 아무도 해 본 적이 없는 일이다. 모든 과정에 연구 개발이 필요했다. 한국이 모든 칩 검사를 맡았다."

유인권 교수, 권민정 인하 대학교 교수와 권영일 연세 대학교 교수 팀이 칩 6만 5000개를 테스트했다. CERN과 칩 자동화 검사 장비를 공동 개발했다. "학생들이 청정실 안에 들어가 6시간씩 시간을 정해 놓고 작업을 진행했다. 방진복 입고 들어가 그렇게 오래 있으면 나중에는 정신이 반쯤 나간다." 이상이 없는 칩들을 보드에 고정하고 회로에 연결해 하이브리드 집적 회로(hybrid integrated circuit, HIC)를 만들었다. 부산 대학교를 포함해 5개국 소재 연구 기관이 이 일을 나눠서 했다. "힘들었지만 영광스러운 일이다. 앨리스 검출기 역사에 이런 일은 몇 번 없다." 2019년 6월에 작업을 모두 마무리하고 만든 부품을 CERN으로 보냈다. 그리고 파티를 열었다.

유인권 교수는 2019년 7월 초 CERN에 다녀왔다. 제자 4명이 한국에서 보낸 부품을 가지고 현지에서 완성품을 만들고 있다. 이를 테스트하고 직접 설치까지 할 예정이다. LHC의 지하 100미터 빔 라인에 직접 설치한다. 학생들은 2021년 초까지 제네바에서 일한다.

유인권 교수는 "실험 물리학자는 납땜부터 온갖 막일을 다 한다." 라고 했다. 독일 대학교 물리학과는 공장과도 같다. 마르부르크 대학교 물리학과 건물은 1층은 기계 공작실, 2층은 전자 기기 공작실이다. "직접 손으로 만져 보고, 느끼는 게 중요하다. 물리학은 수식으로 하는 게 아니다."

유인권 교수는 앞으로 10년 연구할 계획을 세웠다. 그는 3체(三體) 충돌 실험을 준비하고 있다. 기존의 충돌 실험은 모두 두 입자가 부딪치는 2체 실험이다. 둘 다 움직이는 입자든 그중 하나는 고정 표적이든 2개의 입자가 충돌했다. "고정 표적을 양쪽에서 때리는 충돌 실험 장치를 준비하고 있다. 쉽지 않겠지만 성공하면 최초로 고온, 고밀도 실험을 할 수 있다. 금지되었던 QGP 영역을 탐색할 수 있게 된다. 무모한 아이디어다. 부산 대학교에 온 지 20년이 지났는데 다시 조교수 시절로 돌아간다는 각오로 새로운 실험을 준비하고 있다." 에너지가 넘치는 사람이었다.

14장 차세대 입자 가속기를 개발한다

정모세

울산 과학 기술원 물리학과 교수

울산 과학 기술원(UNIST) 물리학과 건물 4층을 두리번거리고 있었다. 정모세 교수 연구실을 찾고 있다. "고강도 빔 가속기 연구실"이라고 쓰여 있는 실험실이 보였다. 빔(beam)은 입자 가속기 내부에서 빛의 속도에 가깝게 가속되는 입자 다발이다. 정모세 교수는 빔 물리학 이론을 새롭게 만들어 주목받는 가속기 물리학자라고 알고 찾아갔다. 2019년 9월이었다.

입자 물리학자와 핵물리학자를 취재하면서 입자 가속기에 관해 많이 들었다. 스위스 CERN의 LHC, 미국 페르미 국립 가속기 연구소의 테바트론, 미국 브룩헤이븐 국립 연구소의 RHIC 등. 그간 취재한 사람들은 입자 가속기에 설치된 입자 검출기를 가지고 연구하는 학자들이었다. 반면 정모세 교수는 입자 가속기 자체를 연구한다. 성능이 뛰어난 차세대 입자 가속기를 어떻게 하면 만들 수 있느냐를 고민한다.

입자 가속기와 입자 검출기는 다르다. 대표적인 입자 가속기인 LHC의 경우 27킬로미터 지하 원형 터널에 설치돼 있다. 진공 파이프 안에 전하를 띤 입자 다발, 즉 빔을 만들어 집어넣고, 빛 속도에 가깝게 움직이게 한다. 이 빔들은 마주 보고 달려오다가 진공 파이프의 몇 개 지점에서 충돌하도록 설계되어 있다. 입자 검출기는 입자 가속기 내 빔의 충돌 지점에 설치돼 있다. LHC의 대표적인 입자 검출기를 이용한 실험은 4개다. 아틀라스, CMS, 앨리스, LHCb다. 아틀라스와 CMS는 입자 물리학 실험에, 앨리스는 고에너지 핵물리학 실험에 쓰인다. LHCb는 보텀 쿼크라는 입자를 검출하는 데 특화된 LHC 실험과 그 검출기를 말한다.

입자 가속기 자체를 연구하는 사람을 만난 것은 정모세 교수가 처음이다. LHC는 지상 최대의 고에너지 물리학 실험 시설이지만, 현재의 충돌 에너지로는 이미 볼 수 있는 것을 다 봤고, 그렇기에 차세대 가속기 건립이 추진되고 있다. LHC는 힉스 입자를 발견했으나, 기대하던 다른 입자는 찾지 못했다. 차세대 입자 가속기 건설은 유럽과 중국, 일본이 추진하고 있다. 가령 유럽과 중국이 구상하는 차세대 입자 가속기는 지하에 뚫을 터널 길이만 100킬로미터다. LHC보다 4배 가까이 길다. LHC 건설에도 수조 원이 들어갔는데 이보다 몇 배나 큰 시설을 지으려면 돈이 얼마나 많이 들어갈 것인가? 그래서 논란이 있고, 비용 주체는 부담스러워한다. 비용을 줄이기 위한 혁신적인 아이디어가 필요하다.

정모세 교수는 '차차세대' 입자 가속기를 연구하며, 그들은 플라스마 가속기와 뮤온 가속기다. 정 교수는 CERN의 차세대 플라스마 가속기 개발을 위한 '어웨이크(Awake)' 실험에 참여하고 있고, 전자 빔 입사 최적화와 빔 라인 설계를 연구하고 있다. 2013년에 시작한 어웨이크 실험은 양성자 빔을 플라스마에 쏘아 전자를 가속하는 데 성공했다. 정모세 교수는 "이 모형이 구현된다면 수십 킬로미터가 아니라 1킬로미터 이내 크기의 가속기로 충분하다."라고 말했다. 이 연구 결과는 2018년 9월에 《네이처》에 실린 바 있다.

그는 서울 대학교 원자핵 공학과를 졸업했고 미국 프린스턴 대학교에 유학 가서 플라스마 및 가속기 물리학 연구를 시작했다. 페르미 국립 가속기 연구소에서 박사 후 연구원으로 일할 때는 뮤온 가속기를 연구했다. 정모세 교수는 가속기 물리학에는 3개의 최전선이 있다고 했다. 플라스마 가속기와 뮤온 가속기 개발은 그 최전선 중에서 첫 번째인 고에너지 가속기 개발 분야에 속한다. 다른 두 최전선은 고강도 가속기 개발과 빔 품질 향상이다.

가속기의 원리는 다음과 같다. 전기를 띤 입자, 즉 양성자나 전자를 가속기 안에 집어넣는다. 그런 뒤 자기장을 가속기 진공관 위에서 아래로 걸어 준다. 그러면 입자가 '로런츠 힘'을 받아 뱅글뱅글 돈다. 입자의 진행 방향을 바꾸거나 입자를 일정한 공간에 가두는 것은 자기장이다. 자기장 말고 전기장은 입자를 가속시키기 위해 사용한다. 자석과 자석 사이의 가속관에 고전압의 고주파를 걸어 주는데, 그러면 강력한 전기장이 생긴다. 자기장에 의해 회전하던 입자는 전기장으로부터 에너지를 받아 가속된다. 전기장은 입자를 가속하고, 자기

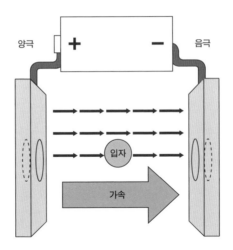

가속기는 전하를 띤 입자가 전기력에 의해 가속되는 원리를 이용한다. 전기력은 두 금속판 사이에 전위차를 걸어 만든다. 전압이 높을수록 입자를 더 빠르게 가속시킬 수 있다.

장은 입자의 방향을 바꾸고 일정 영역 안에 가두는 역할을 한다. 이두 가지가 가속기의 핵심 기술이다.

LHC와 같은 현재 사용하는 입자 가속기는 충돌 에너지를 올리는데 기술적인 장벽이 있다. 이 때문에 전자석이나 고주파 기술에 제약을 받지 않는 혁신적인 새로운 가속기 기술이 필요하다. 그 후보로플라스마 가속기와 뮤온 가속기가 연구되고 있다.

정모세 교수의 실험실 이름은 '고강도 빔-가속기 연구실'이다. 가속기 물리학의 두 번째 프런티어가 고강도 분야다. 그의 실험실 이름은 고강도 분야에서 따왔음을 알 수 있었다. 입자 가속기는 입자 다발, 그것도 같은 전하를 가진 입자들(빔)을 빠른 속도로 움직이게 한다. 빔으로는 전자 아니면 양성자를 사용하며, 양전하나 음전하를 띤 이 입자들을 사용하는 것은, 이런 입자가 자석에 반응하기 때문이다. 결국 자석으로 통제할 수 있는 입자를 빔으로 사용하는 것이다. LHC의 경우 1개 빔 속에 들어 있는 양성자 수는 12억 개나 된다.

가속기 물리학자는 입자들을 더 많이 뭉친 빔을 만들어 가속기 내로 집어넣으려 한다. 그렇게 해야 충돌했을 때 만들어지는 2차 입자가 늘어나 충돌 효과를 더 많이 볼 수 있다. 문제는 같은 부호의 전기를 띤 입자끼리는 밀쳐내기 때문에 빔 안에 욱여넣을 수 있는 입자의 수가 제한된다는 점이다.

이 반발력을 '공간 전하 효과(space-charge effect)'라고 한다. 공간 전하 효과를 더 정밀하게 이해한다면 더 많은 입자를 빔에 넣을 수 있을 것이다.

정모세 교수의 굵직한 연구도 공간 전하 효과에서 나왔다. 프린스턴 대학교에서 공간 전하 효과라는 가속기 분야 실험으로 2008년 박사 학위를 받았다. 실험 결과는 《피지컬 리뷰 레터스》에 실렸다. 8년이 지난 2016년에는 공간 전하 효과를 이론 측면에서 연구한 성과를 발표할 수 있었다. 그는 가속기 물리학의 이론과 실험 양쪽 연구에서 인정을 받았다. 지금까지 《피지컬 리뷰 레터스》에 제1저자로 쓴 논문이 3편, 공동 저자로 쓴 논문이 5편이다.

2001년 플라스마 물리학을 공부하러 유학 간 프린스턴 대학교는 당시 핵융합 연구에서 가장 앞서 있었다. 플라스마 물리학 분야의 최고 연구소 중 하나인 프린스턴 플라스마 물리 연구소(Princeton Plasma

Physics Laboratory, PPPL)가 그곳에 있다. 그는 차세대 에너지원인 핵융합 연구를 하러 갔다가 가속기 물리학자로 변신했다. "지도 교수인 로널드 데이비슨(Ronald Davidson) 교수와 면담을 하고 가속기 물리학을 공부하기로 결정했다. 로널드는 당시 2미터 길이의 이온 트랩을 만들고 그것으로 실험을 할 박사 과정 학생을 찾고 있었다. 핵융합 장치는 크기가 클 뿐 아니라 여러 사람이 관여해 연구가 복잡하다. 공간 전하 효과 연구는 이에 비해 단순하다. 플라스마는 음과 양 두 전하를 다 다루지만 빔은 둘 중 한 가지만 다룬다. 그렇게 이온 트랩 연구를 택했다." 정모세 교수는 PPPL 소장으로 일한 은사가 쓴 교과서를 아직도 가지고 있다.

가속기에서 공간 전하 효과가 어떻게 나타나는지 보기 위해 이온 트랩 장치를 활용했다. 빔 다발은 전자기장을 이용해 가둔다. 입자 가속기에서 일어나는 공간 전하 효과를 이온 트랩에서 보자는 것이다. 가속기에서 실험하려면 돈이 많이 드니 작은 실험 장치인 이온 트랩을 만들어 가속기에서 일어나는 일을 확인했다.

"가속기의 전자석에 특정 자기장 세기를 걸어 준다고 하자. 실제로는 원하는 크기로 자기장 세기가 정확히 나오지 않는다. 자기장 세기 1을 목표로 할 경우 1,001일 수도, 9,999일 수도 있다. 그런 오차가 쌓이고 공간 전하 효과와 합쳐져 어떤 일이 일어나는지 보았다. 빔 뭉치가 느끼는 자석에 의한 집속(focusing) 세기를 내 맘대로 조절할 수가 있다. 약간의 오차를 주고 오차 크기에 따라 빔이 어떤 영향을 받는지 확인했다. 시뮬레이션으로는 그걸 다른 사람이 확인한 바 있었지만, 실제 실험과 이론 예측을 비교한 적은 없었다. 나는 실험을 통해 시뮬레이션과 얼추 맞는다는 걸 확인했다. 이를 가속기 물리학 커뮤니티가 인정해 2009년《피지컬 리뷰 레터스》에 논문이 실렸다."

2008년 박사 학위를 받고 페르미 연구소 박사 후 연구원 및 펠로 신분으로 뮤온 가속기를 연구했다. 그리고 2014년 울산 과학 기술원 교수로 한국에 돌아왔다. 신임 교수였던 그는 실험 시설도, 함께 연구할 학생도 없었다. 그래서 공간 전하 효과 이론을 연구했다. 기존의 가속기 물리 이론이었던 'KV 이론'을 확장한 연구 성과를 2016년에 내놓았다. 새로운 빔 물리학 이론이라는 평가를 받았다.

KV 이론은 1959년 I. M. 카프친스키(I. M. Kapchinskij)와 V. V. 블라디미르스키(V. V. Vladimirskij)라는 두 러시아 물리학자가 내놓았다. 공간 전하 효과를 감안한 가속기 설계 혹은 실험의 표준 이론으로 불린다. 가속기 물리학 분야에는 러시아 물리학자가 많다. 소비에트 러시아가 무너진 뒤 러시아 물리학자가 미국으로 많이 옮겨 왔다. 정모세 교수가 박사 후 연구원으로 일한 페르미 연구소에도 많았다. 그의 상사도 러시아 출신이었다. 정모세 교수의 2016년 이론은 KV 이론을 확장한 것이다.

KV 모형을 내놓은 러시아 가속기 물리학자들은, 입자가 가속기 내부를 날아갈 때 일어나는 상하 운동과 좌우 운동이 서로 독립적이라고 생각했다. 따라서 빔의 상하 운동과 좌우 운동을 각기 통제하는 전자석을 진공 파이프 주변에 배치했다. 이런 전자석을 '4중 극자 (quadrupole)'라고 한다. 최근 들어서는 조금 더 강한 빔을 만들어야 하고, 빔의 형상을 자유자재로 조절하려고 한다. 일반적인 4중 극자가 아니라 휘어지며 돌아가는 4중 극자(skew quadrupole)를 사용한다. 진공 파이프를 따라 나선 모양으로 회전하며 감싸는 모양으로 자석을 설치해 빔을 더 강하게 통제한다. 이렇게 되면 입자 다발의 상하 운동과 좌우 운동이 독립적이지 않고 서로 영향을 받는다. 기존의 KV 모형으로는 설명이 어렵다.

정모세 교수는 "KV 모형이 2차원 모형이라면 확장 모형은 4차원 모형이다."라고 말했다. 확장 모형은 공간 전하 효과와 커플링 효과 2개를 동시에 설명한다. 2개를 이해하기는 쉽지 않았으나 수학을 이용해 둘을 결합할 수 있었다.

그의 이론은 큰 주목을 받았다. 독일 GSI 연구소는 그로부터 자문을 받았다. GSI는 고에너지 핵물리학 실험을 하는 곳으로 다름슈타트에 있다. 이들은 빔 형상을 조금 더 자유자재로 통제하거나 빔의 집속력을 높이기 위해 솔레노이드 전자석과 '휘어져 가는 전자석'을 배치하는 실험을 해 왔다. GSI가 연락해 온 때는 정모세 교수가 울산과학 기술원에 부임한 2014년이다. 공간 전하 효과 이론 논문을 내놓기 2년 전이었으나 학계는 그가 이론 모형을 가지고 있다는 것을 알고 있었다. 정모세 교수는 GSI의 실험 결과를 보고 해석해 줬다.

또 다른 연구는 '빔 진단 장치' 개발이다. 입자 다발이 빠른 속도로 운동하는 진공 파이프 주변에 햇무리, 달무리처럼 큰 궤적을 그리는 높은 에너지 입자가 나타나고 이것이 진공 파이프를 때린다. 진공 파이프에 충격을 주는 이런 '빔 헤일로(beam halo)' 현상은 최소화해야 한다. 빔 헤일로 현상을 빠르게 알아내고 제거하는 것이 중요하다. 그의 실험실에는 제작 중인 빔 진단 장비가 있었다. 스테인리스 스틸처럼 보이는 깨끗한 파이프를 이리저리 연결한 장치였다.

가속기 물리학 연구의 세 번째 최전선은 빔의 품질을 향상시키는 연구다. 사용자가 원하는 대로 빔 다발의 길이와 형상을 만드는 것이 목적이다. 이와 관련해 정모세 교수는 몇 개의 연구 과제를 하고 있다. 포항 방사광 가속기에서의 실험 천체 물리를 위한 '전자 빔 이온 트랩'과 대전에 짓고 있는 중이온 가속기를 위한 '전자 빔 이온 소스'가 그것들이다.

트랩 장치의 응용 연구는 CERN에서 수행 중인 반물질의 중력 낙하 실험도 있다. 김선기 서울 대학교 교수가 한국 측 대표로 참여한다. 반물질로 된 사과도 뉴턴의 사과처럼 떨어뜨리면 지상으로 낙하하는지를 확인하는 것이 목표다. 물론 이론가는 반물질 사과도 물질 사과처럼 땅으로 떨어진다고 생각한다. 하지만 누구도 실제로 확인한 적이 없다. CERN은 이를 눈으로 보려고 한다. 그러기 위해서는 수소의 반물질인 반수소를 만들어야 한다. 반수소는 반양성자 주위를 돌고 있는 물질이다. "한국에서 반양성자를 뽑아내어 가두고 길들이는 이온 트랩을 만들고 있다. 김선기 교수가 만드는 걸 돕고 있다."라고 말했다.

한국에는 대형 입자 가속기가 4개 있다. 포항 가속기 연구소에 있는 2대의 전자 가속기와 경주의 양성자 가속기, 그리고 2022년 이후에 완공될 대전의 중이온 가속기다. 울산 인근인 포항과 경주에 가속기가 3대나 있어 이 기관들과 활발히 협력하고 있다.

"가속기 물리학은 기초 과학을 지원하는 것도 중요하지만 응용 과학 분야도 많이 만들어 낼 수 있다. 입자 물리학을 하기 위해 가속기를 만들었으나 전자를 빠른 속도로 회전시키니 엑스선이 나온 것이 대표적인 예이다." 품질이 좋은 엑스선은 고체나 반도체, 물질의 성질을 분석하는 데 탁월하다. 단백질과 같은 분자의 내부 구조를 분석하는 데도 유용하다. 가속기 응용에서 가장 성공적인 분야라고 할 수 있다. 그래서 만든 것이 포항 방사광 가속기다. 물질 구조 분석, 물성 연구자, 재료 과학자와 생명 과학자가 주로 사용한다. 응용 과학이 가속기 물리학에서 주연 자리를 점점 차지하고 있다. 핵 폐기물 처리 시설도 큰 응용 영역이다."

정모세 교수 방에 들어서면 출입문 안쪽 왼쪽 벽에 '입자 가속기의 간단한 역사' 자료가 붙어 있다. 입자 가속기 100여 년 역사를 압축적으로 정리해 놓은 자료다. 1897년 음극선으로 조지프 존 톰슨(Joseph John Thomson)이 전자를 발견하고 1911년 어니스트 러더퍼드가 헬륨 원자핵(알파 입자)을 금박에 쏘는 실험으로 원자핵이 있다는 것을 알아내면서 가속기 역사가 시작됐다. 가속기의 대표적인 두 모형인 사이클로트론과 싱크로트론이 등장한 때가 1930년 이후다. 사이클로트론 모형을 처음 개발한 미국 물리학자 어니스트 로런스(Ernest Lawrence)가 만든 입자 가속기 크기는 10센티미터에 불과했다. 입자 가속기 길이가 지금은 27킬로미터가 됐고, 수십 년 후에는 100킬로미터로 커진다. 가속기 물리학의 존재감이 기초 및 응용 과학 연구에서 중요해지고 있다는 방증이다.

그럴수록 가속기 물리학자가 일반인 눈에도 더 잘 보일 듯하다. 고강도 빔 가속기 연구실을 처음 봤을 때는 낯설었지만 취재를 마치고 나올 때는 그 어리둥절함이 사라졌다. 열차 출발 시간이 15분밖에 남지 않았다는 게 당혹스러울 뿐이었다.

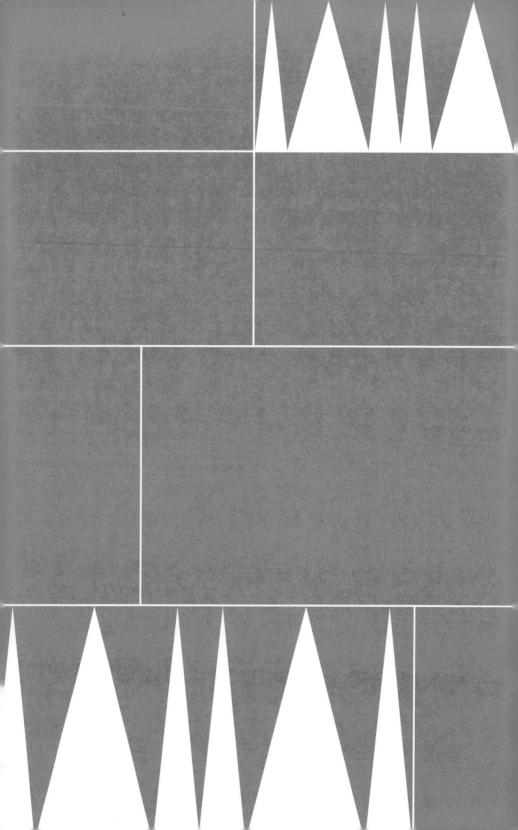

3부

유령 같은 중성미자를 쫓는 물리학자들

15장 르노 실험으로 중성미자 진동의 마지막 열쇠를 풀다

김수봉

전 서울 대학교 물리 천문학부 교수

러시아 수도 모스크바 북쪽 바로 위에 두브나라는 도시가 있다. 러시아의 주요 하천 중 하나인 볼가 강 강변에 있다. 볼가 강은 카스피 해로 흘러 들어간다. 두브나는 러시아 핵물리학의 중심 도시다. 러시아 최고의 국립 핵물리학 연구소인 합동 원자핵 연구소(Joint Institute for Nuclear Research) JINR가 있다. 북한 핵물리학자들이 JINR에서 공부했다는 이야기도 전해진다. 한국의 한 물리학자가 2017년 9월 19일 JINR의 본부 건물을 찾았다. 김수봉 서울 대학교 물리학과 교수였다. 그는 이날 JINR 빅토르 마트베예프(Viktor Matveev) 소장으로부터 브루노 폰테코르보 상을 받았다. 이 상은 국제 중성미자 물리학 커뮤니티에서 최고의 권위를 인정받는다.

브루노 폰테코르보(Bruno Pontecorvo)는 중성미자 물리학의 아버지다. 러시아에서 활동한 이탈리아 물리학자였던 그를 기념하기 위해 러시아 합동 원자핵 연구소가 1995년에 상을 제정했다. 김수봉 교수 외에도 이날 일본과 중국의 중성미자 물리학자가 함께 상을 받았다. 일본 KEK의 니시카와 고이치로(西川公一郎) 박사와 중국 고에너지 물리학 연구소의 왕이팡 박사다. 중성미자는 전기적으로 중성이면서 아주 작은 입자다. 질량이 거의 없을 정도로 작지만 정확한 질량은 아직 밝혀지지 않았다. 중성미자는 미래의 입자 물리학으로 가는 길을 열어 줄 것으로 기대를 모은다. 중성미자 물리학은 세계적으로 연구 경쟁이 치열하다.

김수봉 교수가 러시아에서 상을 받은 이유는 그가 이끈 르노(RENO) 실험의 성과를 인정받은 덕분이다. 르노 실험은 원자로 중성미자 진동 실험(Reactor Experiment for Neutrino Oscillations)의 줄임말이다. 2006년 3월 전라남도 영광의 한빛 원전 인근의 지하에서 한국 연구재단이 지원한 연구비 116억 원으로 실험을 시작했다. 르노 실험에는 대학 12개 연구자 34명이 참여했다. 터널 2개를 파고 그 안에 중성미자 검출기를 설치하는 공사를 2011년 7월에 마쳤다. 실험은 같은 해 8월부터 시작했다. 한국이 중성미자 검출기를 가동해 데이터를 얻기 시작한다는 것을 국제 커뮤니티에 알리기 위해 서울 대학교에서 세미나를 열었다.

세미나에는 중국 고에너지 물리학 연구소 소속인 왕이팡 박사의 중성미자 연구 그룹 연구원 몇 명이 참석했다. 왕이팡 박사는 당시 김수봉 교수와 경쟁하는 실험 그룹의 책임자였다. 왕 박사는 르노 실험과 똑같은 중성미자 진동 실험을 광둥 성에서 준비하고 있었다. 다야 만(大亞湾) 원자로 중성미자 실험이다. 실험 시설 공사 착수는 한국의 르노 실험보다 빨랐으나, 완공이 늦어지고 있었다. 서울 대학교 세미나에 참석한 중국의 왕이팡 그룹은 다야 만 실험이 다음 해인 2012년 6월쯤 공사를 마무리하고 검출기를 가동할 예정이라 발표했다. 김수봉 교수는 이 발표를 듣고 내심 뿌듯했다. 중국보다 공사 착수는 훨씬 늦었지만 검출기 설치를 먼저 마치고 연구에서 앞서갈 수 있었기 때문이다.

르노 그룹은 2012년 초 원하는 데이터를 얻었다. 찾고 있던 데이터는 중성미자 변환 상수의 값이다. 중성미자는 세 종류가 있다. 중성미자는 시간이 지나면서 한 종류의 중성미자에서 다른 종류의 중성미자로 변하는 특징이 있다. 이런 현상을 중성미자 진동이라고 한다. 가령 중성미자 A는 중성미자 B로 변하고 중성미자 B는 중성미자 C로 변한다. 변하는 물리적 특징을 보여 주는 값을 변환 상수라고 한다. 르노 실험 당시 A→B 변환 상수와 B→C 변환 상수는 알려졌으나, C→B 변환 상수가 밝혀지지 않았다. 르노 그룹은 그것을 알아냈다. 학술지 기고를 위해 데이터를 보며 논문을 다듬고 있었다. 그런데 아뿔싸, 다야 만 실험 그룹이 논문을 먼저 발표했다. 6월이 되어야 가동한다고 했던 중국 그룹이 어떻게 3월에 데이터를 얻었단 말인가! 충격이었다. 김수봉 교수 그룹도 부랴부랴 논문을 내놓았다. 논문이 학술지에 실린 날짜를 기준으로 하면 왕이팡의 중국 그룹보다 1주일 늦었다. 르노 그룹은 이를 빠드득 갈았다. 중국 물리학자들이 서울에 와서 거짓말을 하고 갔다고 생각했다.

알고 보니 중국 측은 2011년 11월 서울 대학교에서 열린 르노 실험 워크숍에 참석했다가 충격을 받았다. 귀국해서 비상을 걸었다. 그해 크리스마스를 전후로 일부 완공된 검출기를 돌려서 데이터를 얻기 시작했다. 다야 만 실험에 사용될 중성미자 검출기는 모두 8개였는데, 완공된 것을 먼저 가동했다. 그렇게 데이터를 얻어 마지막 남은 중성미자 변환 상수를 확인했다.

5년 뒤 러시아 두브나에서 한·중·일 경쟁 그룹 대표들이 브루노 폰테코르보 상을 받기 위해 만났다. 수상 기념 사진을 인터넷에서 찾아볼 수 있었다. 한·중·일 수상자 3명과 JINR 연구소 소장 등 모두 다섯 사람이 나란히 서 있다. 미묘한 느낌이다. 김수봉 교수의 뒤통수를 친 왕이팡 박사나 뒤통수를 맞은 당사자나 표정이 밝지 않아 보인다. 내가 그렇게 봐서 그런지도 모르겠다.

중성미자 관련 연구는 르노 실험과 다야 만 실험으로 종료되지 않았다. 여전히 풀어야 할 질문이 많다. 2라운드, 3라운드 경쟁이 남아있다. 노벨상 메달도 많이 남아 있다. 그것을 알기 위해서는 더 민감한 검출기를 구축해야 한다. 새로운 실험을 해야 한다.

김수봉 교수는 르노 실험의 후속 실험을 만들어 내지 못했다. 과학 기술 정보 통신부를 상대로 동분서주했으나 후속 실험인 '르노-50 실험' 연구비를 마련할 수 없었다. 이 르노-50 실험으로 영광 원전에서 하던 르노 실험을 확장하려고 했으나 햇볕을 보지 못했다.

2015년 10월 13일 나는 잘 알지 못했던 김수봉 교수에게 전화를 걸었다. 한국 거대 과학의 현주소를 물어보기 위해서였다. 그는 낯선 기자에게 한국이 왜 새로운 중성미자 실험을 해야 하는지, 주변국은 어떻게 움직이고 있는지를 설명해 줬다. 그가 르노 실험의 후속 실험을 성사시키기 위해 안간힘을 쓰고 있었던 때다. 일본 얘기부터 들을 수 있었다. 김수봉 교수는 일본이 하던 중성미자 실험에 대학원 박사 과정 때부터 참여했다. 덕분에 일본의 중성미자 물리학 연구에 정통했다. 일본의 카미오칸데 실험을 예로 들었다. 카미오칸데는 중성미자 검출 실험이자 그 시설로 1983년에 건설됐다. 일본 기후 현의 폐광 지하 1,000미터 공간에 들어섰다.

중성미자 물리학의 선두는 일본이다. 일본은 미국보다 앞서 있다. 일본 도쿄 대학교 우주선 연구소 소속의 물리학자가 노벨 물리학상 2개를 받았다. 카미오칸데 실험으로 2002년과 2015년 두 차례에 걸쳐 노벨상을 거머쥐었다. 2002년 노벨 물리학상 수상자는 고시바 마사토시 도쿄 대학교 특별 명예 교수다. 일본 중성미자 물리학 연구의 대부로 중성미자 천문학 시대를 열었다는 공로로 노벨상을 받았다. 그는 1980년대 초 일본 정부로부터 30억 원을 받아 카미오칸데 실험을 시작했다. 그리고 은퇴하기 전 카미오칸데의 차세대 실험인 슈퍼 카미오칸데의 건설비 1000억 원을 따냈다. 1996년 슈퍼 카미오칸데 실험을 제자가 시작할 수 있게 했다. 그 제자가 2015년 노벨 물리학상 수상자인 가지타 다카아키(梶田隆小) 도쿄 대학교 교수다. 가지타 교수는 중성미자 진동 현상을 최초로 확인했다는 공로를 인정받았다. 중성미자 진동 현상 발견은 중성미자가 질량을 갖고 있다는 증거다. 기존의 입자 물리학 교과서에 따르면 중성미자는 질량이 없어야 한다. 입자 물리학의 표준 모형을 뒤집는 연구 결과가 나왔으니, 학계에 준 충격파는 거셌다. 김수봉 교수는 "반면 한국의 중성미자 연구자인 나는 어땠나? 한국에 중성미자 검출 시설이 없어 보따리를 싸고 외국에 연구하러 다녀야 했다."라고 탄식했다.

일본은 지금 슈퍼 카미오칸데 실험의 후속 시설을 짓고 있다. 카미오칸데, 슈퍼 카미오칸데에 이은 3세대 카미오칸데 실험이다. 이름은 하이퍼 카미오칸데다. 2020년 착공했고 2027년 데이터를 얻는 것을 목표로 한다. 카미오칸데 실험은 30억 원으로 시작해 1000억 원, 1조 원 실험으로 쭉쭉 뻗어 가고 있다.

"3세대 하이퍼 카미오칸데의 연구 목표는 양성자 붕괴 확인과 중성미자 실험으로 크게 2개다. 양성자 붕괴는 한번도 관측된 적이 없다. 만약 관측된다면 새로운 물리학이 탄생한다. 지금까지 확립된 입자 물리학 이론은 표준 모형인데, 그보다 상위 모형인 대통일 이론이 맞다는 것을 확인하게 된다. 중성미자 연구는 중성미자가 자신의 반입자와 같은 성질인지를 규명한다. 중성미자와 반중성미자가 같은 것으로 드러나면 어마어마한 우주의 비밀이 풀리게 된다. 우주에는 물질만 있다. 태초에 물질과 함께 만들어졌을 반물질은 사라지고 없다. 물리학자는 반물질은 왜 모두 사라졌는지 궁금해하는데 그 이유를 알아내는 게 된다. 하이퍼 카미오칸데의 또 다른 의미는 중성미자 천문학의 탄생이다. 일본이 거대한 중성미자 우주 망원경을 갖게 된다고 말할 수 있다. 지상 망원경은 날이 흐리면 밤하늘 관측을 못 한다. 하지만 카미오칸데 시설은 지하에 있기 때문에 날씨에 구애받지 않고 우주를 관측할 수 있다."

이야기는 중국 이야기로 이어졌다. 중국이 거대 과학에 아낌없이 투자한다는 것이다. 왕이팡 그룹은 다야 만 실험의 후속으로 주노(JUNO) 실험을 정부로부터 승인받았다. 실험 시설은 2021년 완공을 목표로 한다. 왕이팡 박사는 다야 만 실험 성과를 인정받아 2011년 10월 중국 고에너지 물리학 연구소 소장이 됐다. 중성미자 연구자가 중국 고에너지 물리학계를 이끌고 있는 것이다. 세계 입자 물리학 분야에서 중성미자 연구가 차지하는 위상을 확인할 수 있는 대목이다.

주노 실험의 목표는 일본 카미오칸데 3세대 실험과는 다르다. 주노 실험은 3개의 중성미자 가운데 어느 것이 가장 무겁고, 어느 것이 가장 가벼운지 확인하려고 한다. 김수봉 교수가 추진했던 르노-50 실험과 목표가 같다. 김수봉 교수의 속이 쓰릴 수밖에 없다.

한국에서 실험 기회를 얻지 못하자 김수봉 교수는 해외로 갔다. 일본 J-PARC의 중성미자 실험(JSNS^2)에 2017년 참여를 결정했다. J-PARC는 일본의 국립 고에너지 물리학 연구소 중 하나다. 도쿄에서 북쪽으로 해안선을 따라 올라가면 있는 도카이무라에 위치한다. 김수봉 교수는 2018년 10월 임기 2+4년의 실험 공동 대표가 되었다. JSNS^2 실험은 '비활성 중성미자(sterile neutrino)'라는 입자의 존재 여부를 확인한다. 다른 여러 실험에서 비활성 중성미자가 있다고 했다가 없다고 하는 혼란스러운 결과들이 나왔다. J-PARC는 우수한 검출기를 만들어 이 논란을 종결짓고자 한다.

JSNS^2 실험에는 한국의 르노 실험 연구자가 대거 참여했다. JSNS^2 실험 그룹은 전체 연구자 수가 50명이다. 그중 25명 이상이 한국 그룹 출신이다. 그러니 일본 그룹보다 더 많다. 유인태 성균관 대학교 교수와 카르스텐 로트(Carsten Rott) 교수를 포함해 한국 소재 10개 대학 교수가 참여하고 있다.

김수봉 교수는 서울 대학교 물리학과 79학번이다. 서울 대학교 물리학과 출신 중에는 실험 물리학자가 드물다. 대부분 이론 물리학을 공부했다. 김수봉 교수는 학부생 시절부터 실험이 하고 싶었다. 하지만 실험가의 길을 걷는 선배가 보이지 않아 조심스러웠다. 1980년대 초반 어느 날 김제완 서울 대학교 물리학과 교수를 찾아갔다. 김제완 교수는 미국 컬럼비아 대학교에서 입자 실험으로 박사 학위를 받았으나 한국에 와서는 이론을 가르쳤다. 교수님께 제자가 실험을 하겠다면 어떻게 말씀하실 거냐고 물었다. 김제완 교수는 말리고 싶다고 답했다. 그래서 바로 유학을 가지 못하고, 대학원 석사 과정에 들어가 시간을 가졌다. 지도 교수였던 송희성 교수는 실험을 하고 싶어 하는 제자에게 "좋다. 석사를 마치면 박사는 미국에 가서 해라."라고 말했다. 용기를 얻은 그는 펜실베이니아 대학교로 유학을 갔다.

펜실베이니아 대학교는 필라델피아에 있다. 지도 교수는 앨프리드 만(Alfred Mann)이었다. 만 교수 실험실에 들어간 것이 중성미자 연구를 시작한 계기가 됐다. 만 교수는 페르미 연구소가 1967년 문을 열고 처음 했던 중성미자 실험에 참여했다. 카를로 루비아(Carlo Rubbia) 하버드 대학교 교수와 위스콘신 대학교 그룹이 함께한 실험이다. 이 실험은 페르미 연구소의 첫 번째 실험이라고 해서 'E-1(Experiment-1)'이라고 불린다. 김수봉 박사 학생이 펜실베이니아 대학교에 도착했을 때

지도 교수는 일본에서 하는 카미오칸데 2 실험에 참여하려고 했다. 애초에 카미오칸데 실험은 수천 톤의 깨끗한 물을 담은 물탱크를 지하 1,000미터 지점에 설치하고 양성자가 붕괴하는 것을 탐색했다. 그런데 양성자 붕괴 탐색이 불가능하다는 것을 알고는 부분적으로 시설을 고쳐서 새로운 실험을 준비하고 있었다. 그 실험은 초신성과 태양에서 날아오는 중성미자 검출을 목표로 했다. 실험 이름도 가미오카 핵 붕괴 실험(카미오칸데)에서 가미오카 중성미자 검출 실험(카미오칸데 2)이라고 바꿨다.

어느 날 만 교수가 김수봉 박사 과정 학생에게 물었다. "일본에 갈래? 아니면 브룩헤이븐 연구소에서 받은 데이터를 분석하는 일을 할래?" 데이터 분석에는 흥미가 없었다. 또 일본 카미오칸데 2 실험은 천문학 연구로 보였다. 입자 물리학을 공부하러 왔는데 왜 천문학을 시키려고 할까 하는 생각이 들었다. 도서관에 가서 중성미자 자료를 찾아보았다. 알고 보니 태양 중성미자는 흥미로운 입자 물리학 주제였다. 김수봉 학생은 박사 2년 차인 1986년에 일본 도쿄 대학교로 갔다. 도쿄 대학교의 고시바 교수가 카미오칸데 실험 대표였다. 그가 이끄는 실험에 참여해 2년간 도쿄에 머물렀다.

운이 좋았다. 1987년 2월 23일 대마젤란 은하에서 초신성(SN 1987A)이 요란하게 폭발했다. 카미오칸데는 초신성에서 나온 중성미자를 성공적으로 검출했다. 또 1988년에는 태양에서 날아오는 중성미자를 관측했다. "그때 운이 좋았다. 관측 자료를 가지고 펜실베이니아 대학교로 2년 만에 돌아왔다. 1년간 자료를 분석했다. 덕분에 박사를 4년 만에 마쳤다."라고 말했다. 1989년 태양 중성미자 관측 자료를 갖고 박사 학위 논문을 썼다.

태양에서 날아오는 중성미자는 레이먼드 데이비스(Raymond Davis) 펜실베이니아 대학교 교수가 처음 관측했다. 1970년대 한 광산의 깊은 지하에 염소 액체 615톤을 담은 탱크를 설치해 태양에서 날아온 중성미자를 관측했다. 이 공로로 2002년 노벨 물리학상을 받았다. 그런데 그가 풀지 못한 의문이 있었다. 태양에서 날아온 중성미자의 수가 이론 계산치의 3분의 1밖에 되지 않았다.

김수봉 교수는 "태양 중성미자가 3개 분량이 나와야 하는데 하나밖에 보지 못한 것이다. 많은 사람이 데이비스 실험에 오류가 있거나 태양 중성미자의 예측이 틀렸을지 모른다고 생각했다."라며 설명을 계속했다. 데이비스 실험은 관측된 중성미자가 태양에서 날아왔는지도 알 수 없었다. 태양에서 날아온 중성미자 중에서 3분의 1만을 관측한 데이비스의 실험이 옳았다는 것을 명확히 확인한 것이 카미오칸데 실험이고, 김수봉 교수의 박사 학위 연구다. 만약 데이비스가 예측한 양이 맞다면 나머지 태양 중성미자 3분의 2는 지구로 날아오는 도중에 다른 중성미자로 바뀐 것이다. 고시바 교수는 이 결과와 초신성 SN 1987A의 중성미자를 검출함으로써 중성미자로 천문학이 가능하다는 것을 보여 2002년 노벨 물리학상을 수상했다. 약 15년 후 캐나다의 지하 관측 실험(SNO 실험)에서 태양 중성미자가 지구를 향해 날아오는 도중에 달라지는, 중성미자 변환이 일어났음을 밝혀냈다. SNO 실험을 이끈 아서 맥도날드(Arthur McDonald) 퀸스 대학교 교수가 2015년 노벨상을 가지타 교수와 함께 수상했다.

  김수봉 박사는 박사 학위를 받은 후 미시간 대학교로 갔다. 마이런 캠벨(Myron Campbell) 미시간 대학교 교수는 당시 톱 쿼크를 찾는 페르미 연구소의 CDF 실험에 참여하고 있었다. 톱 쿼크는 기본 입자 중에서 가장 무겁다. 캠벨 교수 그룹은 버클리 대학교 그룹과 로체스터 대학교 그룹과 함께 톱 쿼크를 찾았고 1995년 결과가 나왔다. 김수봉 박사는 CDF 실험에서 입자를 찾은 뒤 정확한 질량을 측정하는 일을 했다. "캠벨 교수가 전자 장비 전문가다. 입자 가속기에서 입자 다발들이 회전하다가 충돌하면 신호들이 검출기에서 나온다. 그 입자 충돌 신호를 보고, 그 데이터를 받아야 할지 말지를 아주 빨리 결정해야 한다. 영어로는 'data trigger decision'이라고 한다. 이곳에서 나는 전자 회로를 공부했다. 마이크로프로세서, 컴퓨터의 CPU와 같은 것들을 만들었다. 내 주특기가 데이터 트리거 결정을 하는 장비를 만드는 것이다." 1996년까지 미시간 대학교에서 일하고, 보스턴 대학교로 옮겨 갔다. 1998년까지 연구 조교수로 일하며 슈퍼 카미오칸데 실험에 참여했다. 더불어 미국 그룹의 K2K(KEK to Kamiokande) 실험 프로젝트 매니저로 일본 KEK 연구소에 가서 일했다. 그리고 1998년 서울 대학교 물리학과 교수로 부임했다. 서울 대학교 물리학과 출신으로 실험 입자 물리학자가 교수로 온 것은 오랜만이었다. 1932년생인 김제완 교수 이후 처음이었다.

  김수봉 교수는 서울 대학교에서 일하면서 일본 중성미자 실험에 계속 참여했다. 일본의 중성미자 실험은 하늘에서 날아오는 중성미자를 연구하는 실험에서 벗어나 새로운 분야로 확장됐다. 입자 가속기에서 만든 중성미자 빔을 쏘아 몇백 킬로미터 떨어진 검출기로 보내고 그 검출기에서 중성미자 빔을 검출해 얻은 데이터를 가지고 연구했다. 1999년부터 2004년까지 진행된 K2K 실험과 2009년부터 시작한 T2K 실험이 그런 것들이다. K2K는 쓰쿠바 소재 KEK에서 250킬로미터 떨어진 기후 현 카미오칸데로 중성미자를 쏘는 실험이다. T2K 실험은 도카이무라에 있는 J-PARC에서 300킬로미터 떨어진 카미오칸데로 중성미자를 쏘고 검출한다. 더 멀리 떨어진 곳으로 보낼수록 중성미자 진동을 잘 탐구할 수 있다.

김수봉 교수는 일본의 중성미자 빔 생산 시설을 이용해 한국에서 중성미자 실험을 하면 어떨까 하는 아이디어를 떠올렸다. 당시 슈퍼 카미오칸데 실험 대표였던 가지타 교수도 적극적이었다. 두 사람은 한국에 중성미자 검출기 설치를 추진하기로 했다. 2000년대 중반 이를 구체화하기 위한 세미나를 서울과 도쿄에서 세 차례(2005년 고등 과학원, 2006년 서울 대학교, 2007년 일본 도쿄 대학교) 열었다. 한국 연구 재단과 일본 연구 재단이 세미나를 지원했다. T2K 실험에서 쓰는 중성미자 빔은 일본 도카이무라에 있는 J-PARC가 만들고 카미오칸데 지하 실험장을 향해 쏜다. 대부분의 중성미자 빔은 실험장을 통과해 직진을 계속한다. 동해를 지나 한반도 남부를 향해 날아간다. T2K보다도 훨씬 먼 1,000킬로미터 지점에 있는 한반도 남부에 중성미자 검출기를 설치하면 중성미자 빔을 받을 수 있다. 그리고 빔을 쏜 J-PARC로부터 거리가 더 멀수록 중성미자 진동의 성질을 조금 더 정확히 볼 수 있다. 한국에 중성미자 검출기를 설치하는 것은 일본과 한국의 중성미자 연구자 모두에게 이익이 되는 아이디어였다.

그 아이디어는 수면 아래로 내려갔다. 김수봉 교수가 한국에서 독자적인 중성미자 실험을 구체화하면서 바빠졌기 때문이다. 2005년 전남 영광에서 하는 르노 실험을 위한 연구비를 받으면서 그 일에 전념해야 했다. 르노 실험은 성공적으로 마쳤으나 후속 실험에 애를 먹자 김수봉 교수는 도쿄 대학교 우주선 연구소와의 협업 아이디어를 떠올렸다. J-PARC가 보내는 중성미자 빔을 한반도 남부에서 받아 중성미자 연구를 하자는 구상을 수면 위로 끌어올렸다. 이 구상은 한국 중성미자 관측소(KNO) 프로젝트라고 불린다. 김수봉 교수는 KNO 실험을 할 지하 공간을 찾아 대구 비슬산 등을 다녔다. 세미나를 수년간 몇 차례 열어 동료 연구자들을 찾고 계획을 구체화했다. 그의 구상에 동료 실험가들이 뜻을 같이했다. 류동수 울산 과학 기술원 교수, 박명구 경북 대학교 교수와 같은 천문학자가 가세했다.

KNO는 예컨대 대구 비슬산 지하 1,000미터 아래에 커다란 물탱크를 집어넣고 중성미자를 관측하겠다는 것이다. 일본에서 날아오는 중성미자를 볼 수도 있고, 우주에서 날아오는 중성미자를 관측할 수도 있다. 입자 물리학자와 천문학자 모두에게 필요한 실험이다. 한국의 입자 물리학자와 천문학자 100여 명이 KNO를 성사시키기 위해 바쁘게 움직이고 있다. KNO 구축 비용은 3500억 원으로 예상한다. 2020년 11월 정부에 관련 연구 보고서를 제출했다. 3500억 원이 작은 돈은 아니나 한국이 만들지 못할 액수는 아니다.

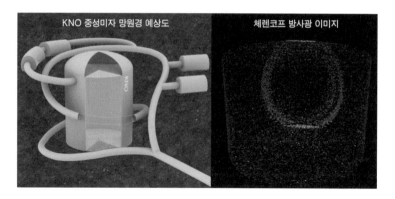

KNO 중성미자 망원경 예상도 | 체렌코프 방사광 이미지

일본 및 우주에서 날아오는 중성미자를 관측하기 위한 KNO 중성미자 망원경 구상도.
KNO사이트에서.

그는 "후배들을 위한 실험이다."라고 말했다. KNO 실험이 만들어
지면 누군가는 중성미자 물리학 분야에서 성과를 올려 김수봉 교수
가 그랬던 것처럼 러시아 두브나에 가서 상을 받을지 모른다. 그러다
보면 한국 물리학계에서 노벨상 수상자가 나올 것이다.

16장 　정선 지하 1,000미터에 들어선 물리학 실험실

김영덕

기초 과학 연구원 지하 실험 연구단 단장

강원도 정선 예미산 1,000미터 지하에 우주에서 날아오는 입자를 연구하기 위한 시설이 들어서고 있다. 예미산에 자리 잡았다고 해서 이름을 '예미 랩(Yemi Lab)'이라고 붙였다. 예미 랩은 IBS 소속인 김영덕 단장의 작품이다. IBS에는 연구단이라는 조직이 30여 개 있다. 김영덕 단장은 그중 하나인 지하 실험 연구단을 이끈다. 김영덕 단장은 예미 랩에서 중성미자 실험인 AMoRE 실험과 암흑 물질 검출 실험 COSINE 실험 두 가지를 진행할 예정이다.

IBS는 대전 광역시 갑천 변에 자리 잡고 있다. 2020년 9월 IBS 본원 사무실에서 김영덕 단장을 만났다. 그는 "저하고는 처음이죠?"라며 친근감을 표시했다. 그에게 한국 최초의 심층 실험 시설인 예미 랩을 정선에 만드는 이유부터 물었다. "강원도 양양 양수 발전소가 있는 지하 700미터에서 실험 중인데, 이곳은 빌려 쓰는 공간이다. 또 좁고 경사져 있어 우리가 계획했던 실험을 하기에는 충분치 않다."라고 설명했다.

지하 실험 연구단은 양수 발전소의 거대 터빈이 돌아가는 지하 공간을 빌려 2003년부터 물리학 실험을 해 왔다. 김선기 서울 대학교 교수, 김영덕 세종 대학교 교수, 김홍주 경북 대학교 교수까지 3명의 물리학자가 1997년 한국 최초의 암흑 물질 실험(KIMS 실험)을 시작하면서 적절한 공간을 찾다 양양까지 갔다.

양양 양수 발전소는 속초, 양양에서 44번 국도를 타고 설악산 한계령 쪽으로 가다가 미천골 자연 휴양림으로 이어지는 국도 56번을 타면 나온다. 운이 좋으면 가는 길에 맛있는 감을 파는 지역 주민을 만날 수도 있다. 양수 발전소는 심야 전기를 이용해 하류의 물을 상류 댐으로 끌어 올리고 낮에는 그 물을 떨어뜨려 낙차가 주는 힘으로 터빈을 돌려 전기를 생산한다. 양수 발전소들은 이를 위해 땅속에 큰 구멍을 뚫는다. 이 공간에 한국의 대표적인 지하 실험 시설이 들어갈 수 있었다. 김영덕 단장은 "한국에 양수 발전소가 유독 많다. 외국에는 흔하지 않은 발전 형태다. 왜 그런지는 모르겠다."라고 말했다. 이런 드문 공간이 있었기에 한국에서 암흑 물질 실험이 첫발을 디딜 수 있었다.

KIMS 실험은 한동안 계속되다가 IBS 지하 실험 연구단이 출범한 뒤인 2016년 9월 COSINE-100 실험으로 이름을 바꿨다. 국제 실험으로 변한 것이 계기였다. 미국 예일 대학교, 영국 셰필드 대학교의 DM-Ice 실험 그룹이 새로운 공동 연구자들이다.

양양 지하 실험실에서는 2015년부터 중성미자의 물리적 특성을

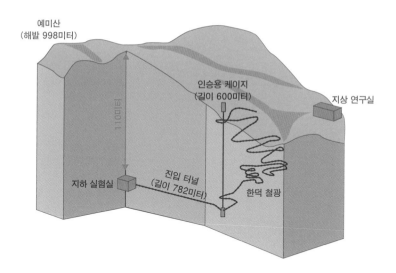

예미산
(해발 998미터)

인승용 케이지
(길이 600미터)

지상 연구실

1100미터

지하 실험실

진입 터널
(길이 782미터)

한덕 철광

예미 랩은 강원도 정선군 예미산 지하 1100미터에 위치한다. 암흑 물질 발견과 중성미자의 질량 측정을 위한 핵심 실험실이다.

알아내기 위한 AMoRE 실험도 하고 있다. "IBS 지하 실험 연구단은 대학이 할 수 없는 실험을 하기 위해 만들어졌다. 2019년 4월 기공식을 한 예미 랩은 지하 공간이 크다. 연구단 하나가 혼자서 쓰기에는 조금 넓다. 그래서 전체 공간의 30~40퍼센트는 다른 실험을 위한 공간으로 비워 두고 있다. 예미 랩은 한국 지하 물리학 실험의 새 장을 열 것이다."

예미 랩은 2020년 8월 말 1단계 지하 공간 굴착 공사가 끝났다. AMoRE 실험은 2021년 초부터 장비 설치에 들어가 2022년 1월부터 가동된다. '대용량 중성미자 검출기'도 설치한다. 20×20미터 크기 물탱크를 만들어 물을 집어넣을 생각이다. 중성미자 검출기는 다용

이현수 COSINE 실험 대표와 찾은 예미 랩 건설 현장. 가운데가 필자다.

도로 활용할 수 있다. 그 안에 COSINE 실험의 검출기도 넣을 수 있다. COSINE 실험을 양양에서 예미 랩으로 언제 옮겨 올지는 확정되지 않았다.

김영덕 단장은 중성미자 실험인 AMoRE 실험 공동 대표를 맡고 있다. 다른 공동 대표는 김홍주 경북 대학교 교수다. AMoRE 실험은 중성미자의 특성을 알아내는 게 목적이다. 중성미자 미방출 2중 베타 붕괴 실험이며, AMoRE란 이름은 '몰리브데넘 기반 희귀 반응 실험'의 영어 약칭이다. 예미 랩이 완성되면 가장 힘을 쏟을 연구가 AMoRE 실험이다. 김영덕 단장은 지하 실험 연구단의 돈과 사람을 암흑 물질 실험보다 중성미자 연구에 더 많이 투입하고 있다.

중성미자는 자연을 이루는 기본 입자 중 하나다. 전기적으로 중성이고, 질량이 아주 작다. 최소한 세 종류가 있는 것으로 확인됐다. 그는 "중성미자 질량을 아직 모른다. 중성미자 3개 간의 질량 차이는 아는데, 절대 질량은 모른다."라며 "특히 중성미자가 마요라나 입자(Majorana particle)인지 아닌지를 밝혀내는 것이 목표다."라고 말했다.

마요라나 입자는 무엇일까? 마요라나라는 이름은 이탈리아 물리학자 에토레 마요라나(Ettore Majorana)에서 땄다. 입자가 있으면 반입자가 있다. 반입자는 입자와 물리적 성질이 똑같으나 전기 부호가 다르다. 입자는 물질, 반입자는 반물질이다. 그러니 중성미자에도 반중성미자라는 짝이 있어야 한다. 그런데 반중성미자가 없을지도 모른다는 이론이 있다. 중성미자가 바로 자신의 반물질인 반중성미자라는 것이다. 이런 입자를 마요라나 입자라고 한다.

중성미자가 마요라나 입자라는 것을 확인한다면 여러 의문이 풀릴 것으로 기대된다. 우선 우주에 물질이 반물질보다 더 많은 이유를 찾게 된다. 빅뱅 직후 우주에서 물질과 반물질은 양이 똑같이 존재했다. 그런데 일정 시점 이후로 반물질은 모두 사라졌다. 그것이 미스터리다.

물질과 반물질은 동시에 만들어졌고(쌍생성), 물질과 반물질이 다시 만나 감마선과 같은 빛 에너지로 변했을 것(쌍소멸)으로 예상된다. 그런데 물질 일부는 소멸되지 않고 남아 우리가 현재 보고 있는 우주의 물질 세계를 만들었다. '쌍생성, 쌍소멸의 대칭이 어디서 무너졌을까, 그리고 그 이유는 무엇일까?'는 입자 물리학과 천체 물리학의 큰 질문이다.

이를 설명하는 가설 하나는 '경입자 생성(leptogenesis)' 이론이다. 경입자(렙톤)에는 여섯 종류가 있다. 전하를 가진 전자와 뮤온, 타우 입자, 그리고 전하를 갖지 않은 중성미자와 뮤온 중성미자, 타우 중성미자다. 이중에서 이론이 주목하는 경입자는 중성미자다. 중성미자의 특별한 성격 때문에 초기 우주 때에 물질이 반물질보다 많아졌다는 것이 이 이론의 설명이다. 그 특별한 성격이 '마요라나 입자'다.

중성미자가 마요라나 입자인지 아닌지를 알아내는 것은 중성미자 질량을 이론적으로 해석하는 경우에도 중요하다. 중성미자가 마요라나 입자라면 절대 질량을 측정할 수 있다. 그 방법은 중성미자가 방출되지 않는 2중 베타 붕괴의 반감기를 측정하는 것이다. 그러니 2중 베타 붕괴 실험은 중성미자의 미스터리를 풀 수 있는 좋은 접근이 아닐 수 없다.

'중성미자가 방출되지 않는 2중 베타 붕괴'라는 낯선 문구는 무엇을 뜻할까? 베타 붕괴는 베타 입자가 나오는 핵분열 반응을 가리킨다. 베타 입자는 전자 혹은 양전자다. 원자핵이 쪼개질 때 볼 수 있는 입자다. 우라늄과 같은 자연의 물질이 붕괴할 때는 양전자가 나온다. 핵 발전소 원자로에서는 우라늄 붕괴 반응이 달라 전자가 나온다. 베타 붕괴 때 베타 입자 말고 중성미자가 함께 나온다. 베타 붕괴가 연이어 두 번 일어나는 경우가 있다. 이것이 2중 베타 붕괴다. 베타 붕괴가 두 번 일어나면 중성미자 2개가 나와야 한다. 그러나 매우 드문 경우 중성미자가 나오지 않는 2중 베타 붕괴가 일어나기도 한다. 이것

베타 붕괴

+ 전자 + 중성미자

중성미자 2개가 나오는 2중 베타 붕괴

+ 전자 + 전자 + 중성미자 2개

중성미자 미방출 2중 베타 붕괴

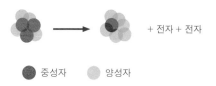

+ 전자 + 전자

● 중성자　　○ 양성자

2중 베타 붕괴에서는 원자핵 내부의 중성자 2개가 양성자로 변하고, 그 과정에서 2개의 전자 및 반중성미자가 나온다.

이 중성미자가 방출되지 않는 2중 베타 붕괴다. 김영덕 단장은 이것을 보려고 한다.

김영덕 단장은 "중성미자 미방출 2중 베타 붕괴가 세계 어느 실험실에서도 관측되지 않았다."라며 "여러 나라가 중성미자 미방출 2중 베타 붕괴를 관측하기 위해 경주를 벌이고 있다. 이 분야는 세계적으로 그 중요성에 있어서 맨 앞에 있는 프런티어 물리학 실험이다."라고 설명했다.

중성미자 미방출 2중 베타 붕괴 관측을 위해 AMoRE 실험은 몰리브데넘의 동위 원소 중 하나인 몰리브데넘 100을 사용한다. 몰리브데넘에는 38종의 동위 원소가 있는데, 원자량 100인 동위 원소에서는 2중 베타 붕괴가 일어난다. 즉 중성미자 미방출 2중 베타 붕괴를 관측하는 방법은 몰리브데넘 100 동위 원소가 들어간 결정을 크게 만들어 놓는 것이다. 이어서 그 안에 들어 있는 몰리브데넘 100 원소가 2중 베타 붕괴를 하는지, 특히 그중에서도 중성미자를 방출하지 않는 2중 베타 붕괴를 일으키는지 지켜보자는 것이다. 양양의 AMoRE 초기 실험에서도 2중 베타 붕괴는 많이 관측됐다. 중요한 것은 중성미자가 나오지 않는 2중 베타 붕괴 관측이다.

몰리브데넘 100은 2중 베타 붕괴를 얼마나 자주 일으킬까? 몰리브데넘 100의 반감기를 보면 알 수 있다. 반감기는 물질의 양이 절반으로 줄어드는 데 걸리는 시간이다. 가령, 우라늄 중에서 자연에 가장 많은 것은 우라늄 238이고, 반감기는 44.6억 년이다. 44.6억 년이 지나면 우라늄 238의 절반이 다른 물질로 바뀐다. 김영덕 단장이 사용하는 몰리브데넘 100 동위 원소의 반감기는 약 700경 년이다. 몰리브데넘 100은 700경 년이 지나면 전체 물질의 절반이 다른 물질로 변한다. 이 기간은 우주 나이 138억 년보다도 상상할 수 없이 길다. 몰리브데넘 100 원자 1개가 다른 물질로 변하는 것을 본다는 것은 사실상 불가하다. 그럼에도 불구하고 몰리브데넘 100의 원자핵에서 베타 붕괴를 보려면 어떻게 해야 할까? 몰리브데넘 100 원자 2개를 가지고 있다면 그중 하나는 반감기가 지나면 베타 붕괴를 할 것이다. 원자를 2개 이상 가지고 있다면, 그 수가 많으면 많을수록 베타 붕괴하는 몰리브데넘 100을 볼 확률이 올라간다. 이게 포인트다.

김영덕 단장이 자신의 손가락 마디를 보여 주며 이렇게 설명했다.

"이 정도 크기에는 아보가드로수(6×10^{23}개) 이상의 원자가 들어 있다. 몰리브데넘 100 반감기보다 10만 개 많다. ($10^{23} \div 10^{18} = 10^{23-18} = 10^5 = 100,000$) 그러니 1년에 아보가드로수의 원자 중에서 10만 개 이상이 다른 물질로 붕괴한다고 볼 수 있다. 하루에도 엄청나게 많은 2중 베타 붕괴를 관측하고 있다. 그러니 몰리브데넘 100을 많이 확보하고 있으면 된다."

김영덕 단장이 보고자 하는 것은 '베타 붕괴'도 '2중 베타 붕괴'도 아니고, 중성미자 미방출 2중 베타 붕괴다. 미방출의 반감기는 훨씬 더 길다. 붕괴가 극히 희귀하고, 따라서 관측이 어렵다. 중성미자가 마요라나 입자일 경우 몰리브데넘 100의 중성미자 미방출 2중 베타 붕괴 반감기가 $10^{26} \sim 10^{28}$년으로 추정된다. 현재 양양 AMoRE-1 실험의 몰리브데넘 100 결정의 양은 6킬로그램이지만, 예미 랩에서 할 AMoRE-2 실험에 사용될 결정 크기는 200킬로그램이다. 30배 이상 큰 결정을 쓸 예정이다. 이 정도 크기면 중성미자 미방출 2중 베타 붕괴를 1년에 몇 개 정도는 관측할 수 있을 것으로 기대된다. IBS 지하 실험 연구단은 예미 랩에서 사용할 몰리브데넘 100 결정들을 만드는 데 힘을 쏟고 있다. 김영덕 단장의 방에서 조금 떨어진 실험실에서 키우고 있다. 또 건물 지하에서는 차세대 암흑 물질 실험인 COSINE-200 실험에 들어갈 아이오딘화 소듐 결정을 키우고 있다.

김영덕 단장은 서울 대학교 원자핵 공학과 출신이다. 1985년 미국 미시간 주립 대학교로 유학을 가 1991년 핵물리학으로 박사 학위를 받았다. 이스트 랜싱에는 현재 IBS가 짓고 있는 것과 같은 중이온 가속기가 있었다. 이후 미국 인디애나 대학교와 일본 KEK에서 박사 후 연구원으로 일했다.

17장 중성미자 검출 장치, 필드 케이지를 제작하다

유재훈
텍사스 대학교 물리학과 교수

미국 시카고 외곽에 있는 페르미 국립 가속기 연구소 본관은 알파벳 Y 자를 뒤집어 놓은 모양이다. 입자 물리학자들은 대칭을 지도 삼아 물리학을 개척해 왔는데 본관인 윌슨 홀의 디자인은 그런 대칭을 상징한다. 15층 건물 가운데가 위로 높게 뚫려 있는 독특한 형태다. 미국을 대표하는 고에너지 물리학 연구소인 이곳에 한국 물리학자의 사진이 담긴 대형 포스터가 한때 걸려 있었다. 유재훈 텍사스 대학교 알링턴 캠퍼스 물리학과 교수가 주인공이다.

　"스위스 제네바에 있는 CERN에서 찍은 사진이다. 알루미늄으로 필드 케이지(electric field cage)를 만들었다. 필드 케이지는 외부의 전기장이 안으로 들어오는 것을 차단하는 차폐 시설이다. 2017년 텍사스 대학교에서 학생 12명과 케이지 부품을 만들고, 2018년 초 CERN으로 가져가 조립했다. 조립에만 6개월이 걸렸다. 완성 뒤 알루미늄 방 모양의 필드 케이지에 들어가 기념 사진을 찍었는데 페르미 연구소

측에서 그것을 홍보용 포스터로 제작했다."

　유재훈 교수를 카이스트에서 만났다. 그는 2019년 여름 대전 카이스트에서 열린 미래 입자 가속기 워크숍에 참석하기 위해 1주일 일정으로 한국을 방문했다. 실험 물리학자인 그는 고려 대학교 물리학과 79학번 출신이다. 그가 제작한 필드 케이지는 중성미자를 검출하기 위한 실험 장치의 일부다. 실험 이름은 DUNE으로, 중성미자를 연구하기 위한 대규모 국제 실험이다. 필드 케이지는 알루미늄 패널을 빙둘러 만들었고 가로, 세로, 높이가 각 6미터다. 액체 아르곤 600톤을 채운 초저온 용기(cryostat) 안에 들어간다. 필드 케이지 안에만 또 아르곤 300톤이 들어갈 예정이다. 중성미자 같은 미지의 입자가 필드 케이지 내 액체 아르곤을 지나가면 아르곤 원자핵과 충돌해 반응을 일으킨다. 이때 전기를 띤 2차 입자들이 나오고 그 궤도를 추적해 중성미자가 아르곤 액체를 통과했는지 확인한다. 하루 10개 정도의 중성미자가 검출될 것으로 예상된다.

　아르곤 액체 속에 잠겨 있으면서 균일한 전기장을 만들어 내는 것이 중요한 기술이다. 그렇지 않으면 중성미자 검출기가 제대로 작동하지 않는다. 필드 케이지에는 60만 볼트의 전기가 사용된다.

　"내가 만든 필드 케이지는 2026년 시작하는 DUNE 실험을 앞둔 시제품(prototype)이다. DUNE 실험은 두 가지 타입의 검출기를 제작하고 있다. 나는 유럽 그룹이 만들고 있는 듀얼 검출기(dual phase) 제작에 참여하고 있다. 미국 그룹은 싱글 검출기(single phase)를 개발한다." 이 프로젝트에 참여하게 된 것은 2015년 가을부터 2016년 6월까지

CERN에서 연구년을 보낸 게 인연이 돼서다. 이때 연구비를 마련할 수 있도록 도움을 준 프랑스 연구자의 요청에 따라 유럽식 검출기의 원리를 검증하는 일을 도왔다. 연구년을 마치고 제네바를 떠날 때쯤 프로젝트 책임자로부터 필드 케이지 제작을 제안받았다. 책임자는 안드레 루비아(Andre Rubbia), 노벨 물리학상 수상자이자 CERN의 전설적인 실험 물리학자인 카를로 루비아의 아들이다. 안드레 루비아는 DUNE 실험의 초대 공동 대표를 맡았다. 텍사스 대학교 알링턴 캠퍼스는 미국 기관으로는 유일하게 유럽 프로젝트에 참여하고 있다.

1967년에 문을 연 페르미 연구소는 세계 입자 물리학계를 이끌었다. 테바트론이 있었기 때문이다. 테바트론은 6.3킬로미터 원형 입자

DUNE 중성미자 검출기 중 하나인 필드 케이지. 금색으로 칠해진 거대한 큐브 모양이며 크기는 3층 집 정도이다. DUNE 실험 목표는 중성미자가 우주 진화에 어떤 역할을 했는지를 알아내는 것이다. CERN 제공 사진.

17장 중성미자 검출 장치, 필드 케이지를 제작하다

충돌기로, 페르미 연구소 본관 인근 지하 터널에 설치돼 있다. 그러나 미국 정부는 그동안 페르미 연구소의 시설을 업그레이드하지 않았고, 텍사스에서 진행 중이던 차세대 입자 가속기 SSC 프로젝트도 1993년 중단시켰다. 그 결과 세계 고에너지 물리학의 중심은 미국에서 유럽으로 넘어갔다. 유럽은 스위스 제네바에서 새로운 입자 가속기를 계속 만들었다. 2008년 가동에 들어간 LHC는 세계 최고를 자랑하고 있다.

유재훈 교수는 유럽 측 실험 참여에 다음과 같이 의미를 부여했다. "페르미 연구소는 DUNE 실험 성공을 위해 많은 나라의 참여를 끌어내려 하고 있다. 당초 유럽과 미국이 각각 중성미자 실험을 추진했으나, 유럽 고에너지 커뮤니티의 2013년 결정과 미국 고에너지 커뮤니티의 2014년 결정에 따라 두 실험을 통합해 단일 실험으로 바꿨다. 그렇기에 내가 유럽 측 프로젝트에 참여한 건 미국 입장에서도 환영할 만한 일이다. 우리 그룹이 DUNE에 절실하게 필요한 '국제성'을 주는 고리 역할을 한다고 본다. 내가 2016년 필드 케이지 제작을 위한 연구 제안서를 냈을 때 담당자는 흔쾌히 지원을 결정했다. 페르미 연구소의 나이절 로키어(Nigel Lockyer) 소장도 내 연구가 중요하다고 생각한다." 2019년 여름 현재 DUNE 실험에는 30개 나라 175개 기관이 참여하고 있다. 한국에서는 김시연 중앙 대학교 교수와 조기현 카이스트 교수가 들어가 있다.

DUNE 실험은 페르미 연구소가 짓고 있는 양성자 대량 생산 시설을 이용한다. 양성자를 고정 표적에 쏘아 때리면 원자핵이 부서지면서 중성미자가 대량으로 나온다. 중성미자는 1,300킬로미터 떨어진 도시 리드에 있는 샌퍼드 연구소로 보낸다. 실험에는 근거리 검출기(near detector)와 원거리 검출기(far detector)가 동원된다. 근거리 검출기는 페르미 연구소에 설치돼 중성미자가 만들어졌을 때 어떤 종류인지, 에너지를 얼마나 가지고 있는지 확인한다. 이후 중성미자는 지하 암반을 그냥 통과해 거침없이 원거리 검출기를 향해 날아간다. 원거리 검출기는 폐금광 지하 1,500미터에 설치된다. 원거리 검출기는 4층 높이 7만 톤 무게의 규모다. 스위스 제네바에서 유재훈 교수가 만든 시제품보다 25배나 크다. 원거리 검출기는 페르미 연구소에서 쏜 중성미자가 에너지를 얼마나 가지고 도착했는지 확인하는데, 그러면 처음에 페르미 연구소를 떠난 중성미자가 어떤 종류의 중성미자로 변했는지 알 수 있다.

"입자 물리학자들은 중성미자를 이해하지 못하고 있다. DUNE 실험을 통해 중성미자의 특성을 정확히 알아내야 한다." 오래도록 중성미자의 질량이 없는 줄 알았는데 질량이 있다는 사실이 일본 슈퍼카미오칸데 실험과 캐나다 SNO 실험에서 드러났다. 입자 물리학자들은 당황했고 들떴다. 자연을 이해하기 위해 만든 가설이 틀린 것으로 드러나 혼란스러웠고, 동시에 새로운 물리학의 도래를 의미했기에 흥분한 것이다.

중성미자는 세 종류가 있다. 전자 중성미자, 타우 중성미자, 뮤온 중성미자다. 학자들은 세 중성미자 사이의 질량이 어떻게 다른지까지 알아냈다. 입자의 가장 근본적인 성질인 질량은 모른다. 중성미자는 다른 물질과 아주 약하게 반응한다. 그래서 검출하기가 쉽지 않다. 중성미자는 움직이면서 다른 중성미자로 바뀐다. 중성미자 진동이다. DUNE 실험의 두 검출기를 서로 1,300킬로미터 떨어진 지점에 설치하는 이유는 중성미자가 최대로 많이 바뀔 만한 지점에 원거리 검출기를 설치하기 위해서다.

그런데 유재훈 교수는 중성미자 검출기 시제품을 제작할 수 있는 능력을 어떻게 갖추게 된 것일까? "그 이야기를 하려면 박사 공부를 하던 시절로 돌아가야 한다. 알루미늄으로 필드 케이지를 만드는 건 어렵지 않다. 경험이 많으면 어떤 검출기든 만들 수 있다."라고 말했다.

유재훈 교수는 고려 대학교 물리학과를 졸업하고 1987년 미국 스토니브룩에 있는 뉴욕 주립 대학교로 박사 학위 공부를 하러 갔다. 그는 페르미 연구소가 새로 만들고 있던 입자 검출기 DZero 실험에 참여했다. DZero는 입자 가속기 테바트론에 붙어 있다. 이때 DZero 검출기에 들어갈 칼로리미터를 만들었다. 입자 검출기에 들어오는 입자의 에너지를 측정하는 장치가 칼로리미터다. "양성자와 반양성자가 충돌하면 2차 입자가 많이 나온다. 2차 입자가 무엇인지 알려면 그 입자가 가진 에너지를 재야 한다. 이를 위해서는 입자를 부수면 된다. 이때 입자가 이온화되는 것을 재면서 에너지를 측정하는 것이다. 당시 막 기본 아이디어가 나온 장치인 칼로리미터를 우라늄과 액체 아르곤으로 만들어 냈다."

칼로리미터는 스토니브룩 인근의 브룩헤이븐 연구소에서 만들었는데 그때 만든 모듈을 시카고 인근에 있는 페르미 연구소로 가지고 갔다. 이후 학적은 뉴욕 주립 대학교에 두었으나 공부는 멀리 떨어진 페르미 연구소에서 했다. 이때부터 지금까지 30년 넘게 페르미 연구소와 인연을 이어 가고 있다.

1993년 박사 학위 논문은 자신이 제작에 참여한 DZero 검출기를 가지고 썼다. 1992년 가동을 시작한 DZero는 테바트론에서 가동된 두 번째 입자 검출기다. CDF가 가장 먼저 가동된 입자 검출기다. "실험 장치를 만든 기술을 가지고 논문을 쓰는 사람도 있으나, 나는 내가 만든 검출기에서 나온 데이터를 가지고 논문을 썼다. 제일 먼저 논문을 쓰려 했으나, 나보다 1주일 먼저 쓴 사람이 있었다. 내 학위 논문은 DZero 실험 데이터로 쓴 두 번째 박사 논문이 되었다."

학위를 받고 두 차례 박사 후 연구원으로 일하면서도 매번 몸은 페르미 연구소에 있었다. 뉴욕 주 로체스터 대학교 소속의 박사 후 연구원 때도 DZero 실험에 참여했다. 당시 DZero 실험은 톱 쿼크라는 입자를 찾는 게 목표였다.

두 번째 박사 후 연구원 비용은 페르미 연구소가 댔다. 이때 페르미 연구소의 1.5킬로미터 길이 빔 라인을 제작했다. "검출기에 특정한 운동량을 가진 특정한 입자를 보내는 보정 빔 라인이었다. 이 빔 제작 책임을 맡으면서 가속기에 대해 많이 배웠다."

실험은 'NuTeV'라고 불렸다. 빔 입구로 양성자들이 들어오면 고정 표적에 충돌시켜 2차 입자를 얻는다. 그 수많은 입자 중에서 원하는 입자를 골라내야 한다. 자석을 사용해 전기를 띤 입자를 얻는다. 중성미자처럼 전기를 띠지 않은 입자를 얻으려면 나머지 전하를 띤 입자를 거르면 된다.

NuTeV 실험은 양성자와 중성자 내부 구조를 보기 위해 시작했다. 다른 목표는 합쳐져 있는 약력과 전자기력의 세기를 측정하는 것이었다. 자연을 이루는 4개의 힘에 속하는 약력과 전자기력은 원래 하나의 힘이었으나, 우주의 온도가 내려가면서 2개로 나뉘었다.

테바트론에서 필요한 입자를 골라내는 보정 실험 빔 제작은 성공적이었다. 이때 중성미자 빔 제작에도 참여했다. 연구소 측은 새로운 빔을 만들었으니 제작 보고서를 써 달라고 주문했다. 그가 쓴 기술 보고서가 미국 의회 도서관에 보관돼 있다.

두 차례의 박사 후 연구원 생활이 끝난 1998년 페르미 연구소 선임 연구원이 되었다. 그리고 다시 DZero 실험으로 돌아왔다. DZero 검출기는 업그레이드를 앞두고 있었다. 그는 공동 연구자 650명을 이끌고 업그레이드 시운전을 성공적으로 해 냈다.

"매니지먼트 쪽에서 업그레이드 검출기 시운전을 설명하는데 만족스럽지 않았다. 누구도 '어떻게 하겠다.', '해야 한다.'라는 말을 하지 않고 책임을 지지 않았다. 이것을 따지고 들었다. 끝까지 따졌다."

그랬더니 '그럼 네가 해 봐라.'라는 식으로 일이 진행됐다. 유재훈 박사는 시운전 책임을 맡아 2000년부터 2001년 중순까지 팀을 이끌었다. "성공적으로 해 냈다. DZero 외에 또 다른 입자 검출기로 CDF가 있는데 현재 시카고 대학교 물리학과 학과장으로 일하는 김영기 박사가 당시 CDF 업그레이드 시운전을 책임지고 있었다. (7장 참조) 한국 사람 둘이 세계 최고 입자 충돌기의 실험 시설 업그레이드를 이끌었던 셈이다."

두 사람은 고려 대학교 물리학과 선후배다. 유재훈 교수가 김영기 교수보다 한 학번 빠르다. 고려 대학교 물리학과는 실험 전통이 강하다는 이야기를 들어 왔다. 실제 고려 대학교 출신 실험 물리학자 두 사람이 페르미 연구소에서 동시에 맹활약했다는 이야기를 들으니 대단하다는 생각이 들었다.

이후 텍사스 대학교 알링턴 캠퍼스 물리학과 교수로 자리를 옮겼다. 페르미 연구소와는 실험 장비 사용자로서 관계를 이어 갔다. DZero 실험에 필요한 그리드 컴퓨팅 시설을 구축하는 일을 책임지기도 했다. 그는 텍사스에서 일리노이 주에 있는 페르미 연구소까지 1,600킬로미터 거리를 차를 몰고 가 여름철 한 달씩 머무르며 연구했다.

2005년부터 유럽으로 시선을 돌렸다. DZero 실험이 끝나면서 그간의 연구와 이어지는 실험을 찾았다. 새로 만드는 CERN의 입자 충돌기 실험에 참여했다. CERN의 주요 검출기 2개 중 하나인 아틀라스 검출기 제작과 아틀라스 팀의 컴퓨팅 인프라 구축에 기여했다. 2012년 CERN이 힉스 입자를 발견할 때도 참여했다. 힉스 입자가 발견됐을 때 미국 텍사스 주 댈러스 등에 기반을 둔 CBS 방송과 ABC 방송이 그를 인터뷰했다.

유재훈 교수는 앞으로 30년간 늙어서 자리에서 일어날 수 없을 때까지 계속 연구할 계획이라고 했다. 30년 후면 90세다. 미국 대학은 본인이 원하지 않는 한 정년 퇴직이라는 게 없으니 불가능한 말은 아니다. 그의 다음 말을 듣고 놀라지 않을 수 없었다. "입자 빔을 이용한 암흑 물질 연구를 할 생각이다." DUNE 실험은 중성미자의 물리적 특징을 알아내기 위한 실험이다. 어떻게 중성미자 실험에서 암흑 물질 연구를 하겠다는 것일까? 2014년 그는 DUNE 실험에서 암흑 물질을 검출하고 입자 빔을 만들 수 있는 아이디어를 제시했다. "아이디어는 간단하다. 자석을 추가로 집어넣으면 다른 물질을 골라내고 암흑 물질만 얻을 수 있다. 현재 DUNE 실험에서 표준 모형 너머의 물리학을 찾고 있는 팀을 이끌고 있다. 그리고 중성미자 실험을 통해 이 분야를 더 깊이 연구할 방법을 찾고 있다."라고 했다. 실험 물리학자로 사는 게 무엇인지를 배운 취재였다.

18장 오른손잡이 중성미자는 어디로 갔을까?

강신규
서울 과학 기술 대학교 기초 교육 학부 교수

노벨 물리학상은 새로운 입자를 발견한 과학자들이 많이 가져 갔다. 전자를 발견한 조지프 존 톰슨, 중성자를 찾은 제임스 채드윅 (James Chadwick), 양전자를 발견한 칼 앤더슨(Carl Anderson). 중간자를 예 측한 유카와 히데키(湯川秀樹)와 이를 발견한 세실 파월(Cecil Powell) 역 시 노벨상을 받았다. 반양성자는 에밀리오 세그레(Emilo Segre) 등, J/Ψ 입자는 새뮤얼 팅(Samuel Ting) 등, W·Z 입자는 카를로 루비아 등으로 계보가 이어진다. 그중에서도 노벨 물리학상을 가장 많이 가져간 입 자는 중성미자가 아닐까 싶다. 지금까지 중성미자 분야에서 노벨상 이 네 차례나 나왔다. 1988년 리언 레더먼(Leon Lederman) 등, 1995년 프 레더릭 라이너스(Frederick Reines), 2002년 고시바 마사토시 등, 2015년 가지타 다카아키 등 순서다. 수상 연도를 보니 중성미자는 최근에 가장 뜨거운 입자 중 하나였다.

서울 과학 기술 대학교 강신규 교수는 20년 가까이 중성미자를 연구해 왔다. 강신규 교수는 "중성미자에서 다시 한번 노벨상이 나올 연구가 있다. 예컨대 오른손잡이 중성미자를 찾아낸다면 노벨상이다."라고 말했다. 오른손잡이 중성미자는 오른쪽 스핀을 가진 입자다. 오른손잡이 중성미자 말고도 중성미자를 둘러싼 의문은 많다. 가장 이해하기 힘든 입자라는 말이 나올 정도다.

중성미자는 전기적으로 중성이고, 아주 작은 입자다. 전기를 띠고 있지 않아 존재조차 알기 힘들었다. 중성미자는 1930년 볼프강 파울리(Wolfgang Pauli)가 처음 예측했다. 중성자가 양성자와 전자로 변하는 베타 붕괴를 파울리는 관찰했다. 붕괴 전과 붕괴 후 전체 입자의 에너지 크기가 달라졌는데, 그건 사라진 입자가 있기 때문이라고 봤다. 사라진 입자는 훗날 중성미자라고 불리게 됐다. 엔리코 페르미가 1933년에 이름을 붙였다. 태양이 뜨겁게 반짝이는 이유가 베타 붕괴(핵융합 반응) 때문인데 베타 붕괴는 우주에 있는 네 가지 힘 중 하나인 약력에 의해 일어난다.

파울리가 예측하고 26년이 지난 1956년 중성미자가 처음으로 관측됐다. 프레더릭 라이너스와 클라이드 코완(Clyde Cowan)이 전자 중성미자가 자연에 존재한다는 것을 확인했다. 이어 1962년 뮤온 중성미자가, 2000년 타우 중성미자가 발견됐다. 전자 중성미자는 전자와 짝을 이루고, 뮤온 중성미자는 뮤온과 짝을 이루며, 타우 중성미자는 타우온과 짝을 이뤄 경입자 가족을 완성한다. 뮤온 중성미자를 발견한 리언 레더먼, 멜빈 슈워츠(Melvin Schwartz), 잭 스타인버거(Jack Steinberger)가 1988년 노벨상을 수상했다. 최초로 발견된 중성미자인 전자 중성미자는 그보다 늦은 1995년에 노벨상이 주어졌다. 강신규 교수는 "노벨상의 흑역사라고 할 수도 있다."라고 말했다.

중성미자 세 종류를 발견한 뒤 연구는 그 특징에 집중됐다. 당시까지 중성미자는 질량이 없다고 생각해 '유령 입자'라고 불렸다. 뮤온 중성미자 발견 이후 중성미자 물리학의 중심이 미국에서 일본으로 넘어갔다. 미국에서 연구하던 고시바 마사토시가 일본으로 돌아가면서다. 고시바는 귀국한 뒤 도쿄 대학교 이학부에 자리를 잡고 일본 정부에 중성미자를 검출할 수 있는 실험 시설 건립을 요구했다. 카미오칸데 실험 시설의 시작이었다.

중성미자 검출 시설인 카미오칸데는 1983년 기후 현 가미오카 광산 지하에 건설됐다. 지하 1,000미터 폐광에 물 3,000톤을 담은 탱크가 핵심 연구 시설이었다. 고시바 교수는 운이 좋았다. 연구 시설을 완성하고 몇 년 지나지 않아 초신성이 폭발하면서 나온 중성미자가 태양계를 향해 날아왔다. 카미오칸데는 이를 검출했다. 고시바 교수는 중성미자 천문학이라는 새로운 지평을 연 공로로 2002년 노벨상을 받았다.

별은 가시광선 말고도 엑스선, 자외선, 적외선, 중성미자 등을 내놓는다. 인류는 눈에 보이지 않는 빛인 비(非)가시광선을 볼 수 있는 망원경을 만들었다. 엑스선 망원경, 적외선 망원경, 자외선 망원경이 그런 것이다. 이제는 중성미자를 검출함으로써 중성미자를 쏟아 내는 별도 관측할 수 있게 되었다. 초신성은 빛 말고도 중성미자를 방출하기 때문이다. 다양한 수단으로 별을 관측하면 별을 이해할 수 있는 정보가 풍성해진다.

1998년 가지타 다카아키 교수가 중성미자 진동을 발견했다. 카미오칸데를 업그레이드한 슈퍼 카미오칸데를 통해 중성미자가 질량이 있을 때 나타나는 중성미자 진동 현상을 확인한 것이다. 중성미자가 운동하면서 다른 중성미자로 변하는 현상을 말한다. 우주에서 날아오는 우주선이 지구 대기와 충돌하면 뮤온 중성미자와 전자 중성미자를 방출한다. 비율은 2 대 1이다. 그런데 지하에 자리 잡은 검출기에서는 이 비율이 2 대 1로 나오지 않았다. 왜 그럴까? 그 이유는 뮤온 중성미자 일부가 또 다른 중성미자인 타우 중성미자로 변했기 때문이 아닐까 하고 생각됐다. 강신규 교수는 "중성미자 진동은 위대한 발견이었고 혁명적인 소식이었다."라고 당시를 돌아봤다. 중성미자는 질량을 갖지 않은 기본 입자일 것이라 생각했는데 슈퍼 카미오칸데 관측 결과가 이를 뒤집어 버린 것이다.

중성미자 진동이 발견됐을 때 강신규 교수는 고등 과학원에서 박사 후 연구원으로 일하고 있었다. 박사 학위를 받은 지 얼마 지나지 않은 젊은 물리학자였다. "충격이었다. 중성미자가 물리학에 새로운 장을 열겠다고 생각했다." 그는 중성미자로 연구 주제를 바꿨다.

"물리학에는 자연이 어떤 물질로 만들어졌는지 설명하는 표준 모형이 있다. 앞선 세대 물리학자들이 수십 년 이상 고생해 만든 금자탑이다. 그런데 중성미자 진동은 표준 모형이 완벽하지 않음을 확인시켜 주었다. 표준 모형에 따르면 중성미자 질량은 없어야 했다. 당시 나는 젊은 물리학자였다. 중성미자 진동 소식은 새로운 도전의 대상이 생겼다는 것을 의미했다." 그리고 20년이 지나도록 그는 중성미자를 파고들고 있다.

중성미자 진동이 발견된 이후 중성미자 물리학은 두 가지 방향으로 진행됐다. 하나는 중성미자에 질량을 주는 메커니즘을 알아내는 연구다. 중성미자 세 종류가 어떤 비율로 중첩 혹은 혼합되어 있는지를 설명하는 것이다. 중성미자의 질량 문제에 관해 자세한 설명을 들었는데 그의 연구도 여기에 집중되어 있었다.

"중성미자 질량이 없을 것이라 생각한 이유가 있다. 입자는 양자역학적 의미에서 스핀이라는 물리량을 갖는다. 이 스핀을 알기 쉽게 자전이라고 하자. 중성미자는 앞으로 진행하면서 반시계 방향으로 자전하는 왼손잡이만 있고, 그 반대인 오른손잡이는 지금까지 눈에 띄지 않았다. 입자가 질량을 가지려면 오른손잡이와 왼손잡이가 모두 있어야 한다. 한 방향의 스핀 값만 가지면 질량을 가질 수 없다. 그러니 중성미자는 질량을 갖지 않을 것이라 믿을 수밖에 없었다."

강신규 교수의 오랜 문제 의식 중 하나는 '오른손잡이 중성미자는 어디로 갔을까?'이다. 중성미자의 최대 미스터리이기도 하다. 학계는 오른손잡이 중성미자가 있는지 없는지, 만약 있다면 질량은 얼마인지 궁금해한다. 수많은 노력에도 불구하고 실험에서 오른손잡이 중성미자를 보지 못하고 있다. 오른손잡이 중성미자가 발견된다면 노벨상감이다.

오른손잡이 중성미자는 '비활성 중성미자'라는 이름으로 불린다. 이 입자는 전자기력, 약력, 강력과 상호 작용을 하지 않을 것으로 보인다. 그로 인해 비활성이라는 수식어가 붙었다. 오른손잡이 중성미자의 질량은 아주 가볍거나, 이보다 조금 더 무겁거나, 아주 무겁거나 하는 세 가지 가능성이 있다. 이중에서도 물리학자들은 아주 무거운 쪽에 더 무게를 두고 있다. 강신규 교수는 "오른손잡이 중성미자는 질량이 매우 무거울 것이라는 관측이 유력하다."라고 말했다.

중성미자 이야기를 듣다가 왜 이런 세부 내용까지 알아야 할까 하는 생각이 들었다. 중성미자가 왜 중요한지 물었다. 강신규 교수는 이렇게 설명했다. "중성미자 진동 실험 이후 표준 모형의 불완전성이 명확해졌다. 자연을 설명하는 더 근본적인 이론이 필요하다. 또 중성미자는 입자론 말고 우주론에서도 중요하다. 중성미자는 광자 다음으로 그 수가 많다. 초기 우주에서 중성미자가 대단히 많이 만들어졌다. 초기 우주의 흔적이 중성미자에 고스란히 남아 있을 것이다. 우주를 연구하기 위해서는 중성미자를 알아야 한다."

중성미자에는 미스터리가 많다. 질량을 알아내지 못하고 있는 것이 대표적이다. 인류는 세 종류의 중성미자 질량을 상대적으로 비교할 수 있는 정도까지만 알아냈다. 어떤 중성미자가 다른 중성미자보다 얼마나 무거운지, 아니면 얼마나 가벼운지만 파악하고 있다. 비활성 중성미자, 즉 오른손잡이 중성미자의 질량은 당연히 모른다.

비활성 중성미자의 질량 추정치는 중성미자 실험에서 관측된 '이상한(anomaly)' 결과를 설명하기 위해 도입됐다. 가령 김수봉 서울 대학교 교수의 르노 실험에서처럼 1킬로미터 이내 짧은 거리를 날아온 중성미자 데이터를 보면, 중성미자가 세 종류라고 해서는 설명되지 않는 이상 현상이 관찰된다. 아주 가벼운 비활성 중성미자, 즉 전자보다 가벼운 비활성 중성미자가 있다면 어느 정도 설명할 수 있다. 완벽히 설명하지는 못한다. 그래서 IBS 지하 실험단이 아주 가벼운 비활성 중성미자를 확인하는 NEOS(Neutrino Experiment for Oscillation at Short Baseline) 실험을 한다. 일본 국립 물리학 연구소인 J-PARC는 JSNS^2 프로젝트를 진행 중이다.

조금 더 무거운 비활성 중성미자가 있다면 그건 암흑 물질 후보일 수 있다. 암흑 물질은 우주의 물질과 에너지의 25퍼센트를 차지한다. 우리는 암흑 물질의 실체를 모른다. 그 실체를 알아내도 노벨 물리학상감이다. 암흑 물질을 설명하기 위해 머릿속으로만 생각해 낸 새로운 가상 입자를 도입하는 것보다, 기존 이론의 구멍을 메울 법한 입자가 암흑 물질이 되면 여러모로 설득력이 있다. 그게 아주 무거운 비활성 중성미자일 가능성도 있다. 가설적인 오른손잡이 입자가 있다면 왜 왼손잡이 중성미자의 질량이 가벼운지 설명할 수 있다.

강신규 교수는 중성미자 질량 문제의 아름다운 해법으로 '시소 메커니즘'을 꼽았다. 놀이터에 있는 그 시소다. 시소 메커니즘은 세 종류의 중성미자 모두가 왜 질량이 이렇게 가벼운지 설명한다. 시소 한쪽에는 아주 무거운 오른손잡이 중성미자가, 반대편에는 왼손잡이 중성미자가 있다고 가정해 보자. 왼손잡이 중성미자는 그렇지 않아도 질량이 가볍다. 시소 위에 올라가면 무거운 오른손잡이 중성미자의 질량 때문에 공중으로 붕 뜬다. 그렇지 않아도 가벼운데 기울어진 시소 탓에 더 가볍게 느껴진다. 이것이 시소 메커니즘이다.

시소 메커니즘은 1979년 일본의 야나기다 쓰토무(柳田勉) 교수와 미국의 머리 겔만(Murray Gell-Mann), 프랑스의 피에르 라몽(Pierre Ramond)이 각기 별도로 제안했다. 이론이 나온 지 25년째이던 2002년에 일본과 프랑스에서 관련 기념 학회가 열렸다. 시소 메커니즘 기념 학회까지 열린 것을 보면 학계가 이 이론을 중요하게 바라보고 있음을 알수 있다.

강신규 교수는 "시소 메커니즘을 검증하려면 실험에서 무거운 비활성 중성미자를 봐야 한다. 그 흔적이라도 봐야 한다."라면서 오른손잡이 무거운 비활성 중성미자의 질량을 보려는 대표적인 실험이 LHC 실험이라고 소개했다. 그 입자의 질량이 지나치게 무겁지만 않다면 LHC에서 단서를 찾을 수도 있다. 이것이 LHC의 주요 임무에 들어 있는 것은 아니다.

강신규 교수 연구는 무거운 비활성 중성미자의 질량이 테라전자볼트 급일지 모른다는 가설을 검증하는 데 초점을 맞췄다. 무거운 비활성 중성미자의 질량이 1~10테라전자볼트라면 LHC에서 흔적을볼 수도 있다.

무거운 비활성 중성미자가 존재한다면 세 종류의 왼손잡이 중성미자 질량이 가벼운 이유를 설명하는 동시에 우주에 물질이 반물질보다 많은 이유도 설명할 수 있다. 물리학자들은 태초에 물질과 함께반물질이 만들어졌다고 본다. 반물질은 물질과 전기 부호만 다르다. 물질과 반물질은 쌍생성 직후에 다시 만나 대부분 빛으로 바뀌었다. 하지만 지금 우리가 살고 있는 우주에서 반물질은 사라졌고 물질은 남았다. 왜 우주에는 물질만 남았을까? 이를 설명하기 위해 중성미자가 중요하다. 이 이론은 경입자 생성이라고 불린다. 중성미자에 질량을 주는 한편 우주에 물질이 많은지 설명하려면 무거운 비활성 중성미자의 질량이 어마어마하게 커야 한다. 전자의 질량이 0.5메가전자볼트인데, 이 입자는 10^9기가볼트가 되어야 한다. 전자보다 20만 배 이상 무겁다.

"이렇게 되면 입자 가속기에서 확인할 방도가 없다. 입자의 에너지 수준이 너무 높다. 경입자 생성이 이런 질량에서만 가능해야 하는가 생각했다. 몇 년 전 LHC의 에너지인 테라 급 에너지에서도 경입자 생성 메커니즘이 가능하다는 아이디어를 제안했다. 운이 좋으면 LHC에서도 볼 수 있을 것이고, 아니라면 에너지가 더 높아질 차세대 입자 가속기에서 확인할 수 있다고 생각한다." 강신규 교수는 테라 급 에너지에서 경입자 생성을 구현하기 위해 새로운 가상 입자를 도입했다. 이 이론은 '확대된 시소 메커니즘'이라고 명명했다. 제안 직후 저명한 이론 물리학자인 어니스트 마(Ernest Ma) 캘리포니아 대학교 리버사이드 캠퍼스 교수가 흥미로운 제안이라며 이메일을 보내왔다. 마 교수의 제자가 강신규 교수 밑에서 연구원으로 일하고 있다.

강신규 교수는 서울 대학교 84학번이다. 학부에서는 원자핵 공학을 공부했다. 공과 대학 출신으로 물리학자가 된 이유에 대해 "공대 출신 물리학자가 많다."라고 했다. 이휘소 박사와 액시온 연구로 유명한 김진의 교수가 공과 대학 출신이라고 했다. 영국의 물리학자 폴 디랙(Paul Dirac)도 전기 공학과 출신이다.

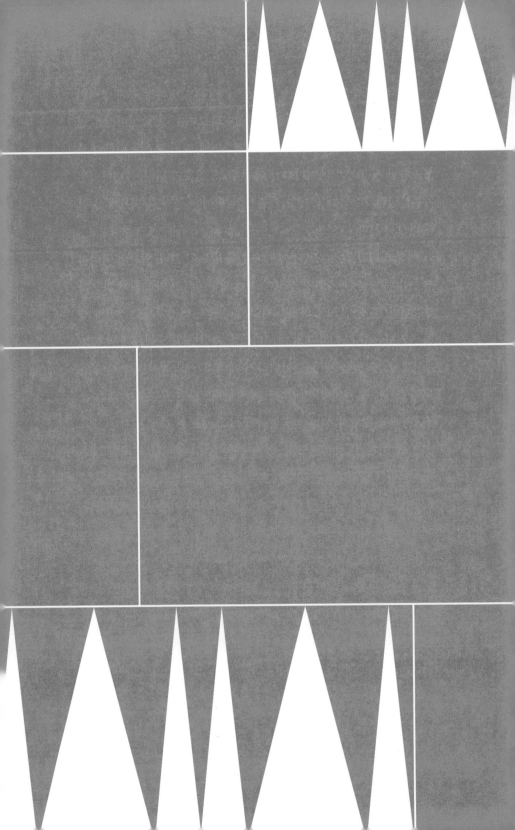

4부

궁극의 입자와
궁극의 힘을
찾아서

19장 무거운 쿼크 유효 이론을 만들다

최준곤
고려 대학교 물리학과 교수

최준곤 고려 대학교 물리학과 교수는 "1992년 유학을 마치고 귀국할 당시 한국에 QCD(양자 색역학) 연구자가 나밖에 없었다."라고 말했다. 이 말을 듣고 "원조 싸움이 일어날 수 있는 이야기 아니냐?"라고 농반진반으로 물었다. 그는 웃으면서 "아니다."라고 말했다.

강력은 양성자들을 원자핵 안에 붙들어 놓는 힘이다. 이를 설명하는 물리학이 QCD다. 최준곤 교수는 QCD를 이렇게 설명했다. "자연의 기본적인 힘에는 4개가 있다고 알려져 있다. 전자기력과 중력은 일반인에게 잘 알려져 있다. 강력과 약력은 원자핵 안에서만 작용하는 힘이라 일상에서 느끼지 못한다. 그래서 강력과 약력은 다른 두 힘에 비해 늦게 발견됐다." 물리학과 학부생은 전자기력과 중력만을 배운다. 강력과 약력은 입자 물리학을 공부하는 사람만 접한다.

최준곤 교수는 서울 대학교 물리학과 80학번이다. QCD가 이론적으로 정립된 게 1970년대 말이니, 그가 학부생일 당시는 강한 상호

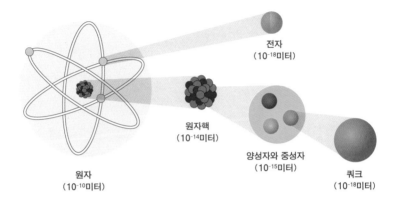

전자
(10^{-18}미터)

원자핵
(10^{-14}미터)

양성자와 중성자
(10^{-15}미터)

원자
(10^{-10}미터)

쿼크
(10^{-18}미터)

원자 내부 구조. 원자는 원자핵과 전자로 나뉘고, 원자핵은 다시 양성자와 중성자로, 양성자와 중성자는 쿼크로 쪼개진다.

작용을 이해하기 위한 연구가 뜨거웠다. 전자기력과 약한 상호 작용에 대한 이해는 마무리돼 가고 있었고, 강력이 입자 물리학자들의 경쟁 무대였다. 그는 "1980년대 입자 물리학의 이론적 발전이 많았다. 1990년대까지도 그랬다."라고 말했다.

QCD는 양성자 내부에 있는 쿼크라는 입자들 사이에서 작용하는 힘을 설명한다. 쿼크는 양성자 안에 3개씩 들어 있고, 서로 간에 힘 입자인 글루온을 주고받으며 상호 작용을 한다. 이것을 강한 상호 작용이라고 한다. 이 분야를 양자 '색역학'이라고 하는 이유는 강한 상호 작용에 색깔 전하(color charge)라는 새로운 물리량이 등장하기 때문이다. 색깔 전하는 흔히 우리가 알고 있는 전하(electric charge)와 다르다. 색깔 전하에는 세 가지 색, 즉 빨강, 초록, 파랑이 있다.

더 쪼개지지 않는 기본 입자인 줄 알았던 양성자가 내부 구조를 갖고 있다는 게 드러난 때는 1968~1969년이다. 이를 발견한 실험 물리학자인 제롬 프리드먼(Jerome Friedman) 외 2명은 1990년에 노벨상을 받았다. 1973년에는 강력이 '점근적 자유도(asymptotic freedom)'라는 이색적인 성질을 가졌다는 것이 확인됐다. 중력이나 전자기력은 두 입자 사이의 거리가 멀어질수록 약해진다. 양성자 안의 내부 입자, 즉 쿼크 간에 작동하는 힘은 달랐다. 두 입자 사이의 거리가 멀어질수록 상호 작용이 강해지고 가까워질수록 약해진다. 이런 독특한 특징을 점근적 자유도라고 한다. 미국 물리학자 데이비드 그로스(David Gross), 데이비드 폴리처(David Politzer), 프랭크 윌첵이 알아내고 2004년 노벨 물리학상을 받았다.

최준곤 교수는 1984년에 미국 하버드 대학교로 유학을 떠났다. 그는 하버드 대학교 물리학과에 한국 사람으로는 12년 만에 들어갔다. 처음에는 시드니 콜먼(Sidney Coleman) 교수의 학생이 되어 양자 장론(quantum field theory)을 공부하려 했다. 그런데 대학원 물리학과의 분위기가 알고 보니 좀 달랐다. 콜먼 그룹의 학생도 똑똑하지만 하워드 조자이(Howard Georgi) 그룹이 더 재밌을 것 같았다. "가슴이 두근거렸다. '조자이 그룹에 들어갔다가는 박살 나겠다.' 하는 느낌이 들었다." 그의 말을 들으니 35년도 더 된 미국 유학 시절 느낌이 생생하게 전해져 온다. "하버드 대학교 물리학과에서 강해지지 않으면 살아남을 수 없었다. 공부가 힘들어 고생했다. 우울증에 걸릴 정도였다."

조자이 그룹에 들어가서 QCD를 공부했다. 조자이는 1970년대 대통일 이론(grand unified theory, GUT)을 연구했고 노벨상 받을 거라는 이야기 듣던 스타 물리학자였다. 대통일 이론은 전자기력, 약력, 강력을 하나로 기술한다. 다르게 보이는 세 가지 힘이 사실은 하나의 힘에서 갈라져 나온 것이라는 생각은 혁신적이었다. 우주 온도가 매우 뜨거웠던 시절에는 전자기력과 약력, 강력이 한 가지 힘으로 통일되어 있었고, 우주가 식으면서 갈라졌다는 것이다. 대통일 이론이 내놓은 예측 중 하나가 양성자 붕괴다. 그런데 실험에서 확인되지 않고 있다. 대통일 이론은 어려움에 봉착했다.

하워드 조자이는 학생들이 s자로 시작하는 연구를 하지 못하게 했다. string theory(끈 이론), supersymmetry(초대칭 이론)은 제자들에게 금단의 땅이었다. s자 이론은 틀렸다며 제자들이 관심을 갖는 것조차 아주 싫어했다. 끈 이론은 우주의 근본 구성 물질이 아주 작은 끈이라는 생각이고, 초대칭 이론은 표준 모형 속에 나오는 입자들 각각이 초대칭 짝을 갖는다는 생각이다. 초대칭 이론은 입자 물리학의 위계 문제(hierarchy problem, 계층성 문제) 등을 해결하기 위한 아이디어였다. 최준곤 교수는 연구실 분위기 때문에 초대칭을 연구하지 않았다. "한국 내 입자 물리학자 중 초대칭을 연구하지 않은 사람은 나뿐일 것이다. 한데 최근에 초대칭 이론이 틀린 걸로 드러났다."라고 했다. 현재 하버드 대학교 물리학과 교수인 리사 랜들은 최준곤 교수의 대학원 1년 선배다. 리사 랜들은 대학원 때 지도 교수가 금지했음에도 s자 연구를 했다.

지금 하버드 대학교 물리학과 분위기는 다르다. 이제는 끈 이론의 산실이 되었다. 입자 현상론의 중심지였던 하버드 대학교의 분위기가 과거와 달라진 것을 보면 아이러니하다. 하버드 대학교 물리학과가 끈 이론 쪽으로 기운 것은 조자이 다음 세대 교수들이 끈 이론 전문가였기 때문이다. 블랙홀을 통해 양자 중력을 연구하는 캄란 배파(Cumrun Vafa), 앤드루 스트로밍거(Andrew Strominger)가 대표적인 끈 이론가다.

최준곤 교수는 유학 시절 스승을 돌아보며 조자이는 "터프"했다고 회상했다. 입 밖으로 꺼내지는 않았으나 모든 학생에게 보내는 메시지는 '너는 바보야!(You are stupid!)'였다고 한다. 그 역시 지도 교수와의 면담 시간이 힘들었다. 조자이 교수는 면담 시간에도 학생과 눈을 맞추지 않고 논문을 들여다봤다. 면담 도중에도 사람들이 연구실을 끝없이 드나들었다. 어수선한 분위기에서 학생에게 할 이야기 있으면 해 보라고 했다. 학생은 혼자 말하고 지도 교수는 책상 위 논문을 읽고 있는 식이었다. 이야기를 듣다가 조자이는 툭 한마디했다. "틀렸다." 그게 끝이었다. 연구가 틀렸다니, 학생은 할 말이 없다. 자리에서 일어나 나와야 한다. 어쩌다 "교수님, 그게 아니고, 이러이러합니다."라고 말을 할 때도 있었다. 그러면 말을 더 듣다가 "네 말을 들으니 맞는 것 같다. 논문 써 봐라."라고 말했다. 최준곤 교수는 "지도 교수와 방해받지 않는 10분이 그때 나의 꿈이었다."라고 말했다.

조자이 교수는 대통일 이론 연구 이후에는 '유효 이론(effective theory)'을 연구해 유효 이론 신봉자가 됐다. 최준곤 교수가 연구한 것도 QCD의 유효 이론이다. 그는 "QCD 연구자도 맞는 말이지만, 유효 이론가라고 나를 불러 주면 마음이 더 편하다."라고 말했다.

자연을 이루는 기본 입자가 무엇인가는 에너지 수준에 따라 다르게 보인다. 높은 에너지 상태에서는 그전까지는 보이지 않던 새로운 기본 입자가 나타난다. 양파 껍질을 까면 그 안에 또 다른 양파 껍질이 나타나는 식이다. 가령 인류는 오랫동안 물질을 이루는 기본 입자가 원자라고 믿어 왔다. 이후 원자핵 속에 내부 구조가 있고 거기에서 양성자와 중성자를 찾아냈다. 높은 에너지로 원자핵을 깰 수 있었기에 가능했다. 양성자 속에 쿼크가 있다는 것도 더 높은 에너지로 양성자 안을 들여다볼 수 있었기에 알아낸 성과였다. 입자 가속기 시대가 낳은 결과다. 최준곤 교수 같은 유효 이론 연구자는 에너지가 달라졌을 때 물리학의 기술(記述)이 어떻게 변하는지를 보고, 그 차이를 메우는 작업을 과학이라고 본다.

강한 상호 작용을 기술하는 것은 전자기력과 약력을 기술하는 것보다 어렵다. QCD를 이해하는 방법은 LHC 안에서 양성자와 양성자가 정면 충돌할 때 어떤 일이 일어나는지를 정확히 보는 것이다. 쿼크와 다른 입자들이 어떤 상호 작용을 하는지를 들여다봐야 한다. 그런데 입자 충돌기에서 벌어지는 강한 상호 작용은 충돌 사건의 시작과 끝만 드러나지 중간 과정이 보이지 않는다. "쿼크는 양성자 밖에서는 관찰할 수 없다. 자연에서 독립된 입자로 존재하지 않는다. 때문에 입자 가속기 충돌에서 나오는 사건(event)에서 쿼크는 맨얼굴을 드러내지 않는다. 쿼크와 다른 입자들과의 상호 작용을 정확히 파악할 수 없다. 충돌 후 시간이 지나 입자들의 에너지가 떨어지면 쿼크들이 결합해 양성자나 중성자가 된다. 쿼크는 보지 못하고 쿼크가 모여 생긴 강입자만 보이는 것이다. 충돌과 강입자 생성 사이에서 어떤 일이 일어나는지 정확히 알 수 없다. 다른 말로 강입자, 즉 양성자와 중성자가 만들어지는 과정을 모르고 있다."

반면 QED, 즉 전자기 상호 작용의 기본 입자인 전자는 자연에서 독립적으로 존재한다. 이때 전자는 자유 전자라고 불린다. 원자 안에 들어 있지 않고 원자 밖에 홀로 있다. 덕분에 전자는 입자 충돌기의 사건들에서 볼 수 있고 상호 작용을 이해하기도 쉽다. 결국 QCD는 QED와 달리 100퍼센트 정확히 설명할 수는 없기 때문에 근사치가 필요하며, 그 계산을 위한 유효 이론이 필요하다.

최준곤 교수는 유효 이론에서도 '무거운 쿼크의 유효 이론'과 '연성 공선 유효 이론(soft collinear effective theory, SCET)'을 연구했다. 두 이론을 만드는 데 참여한 것이 주요 연구 성과다. 무거운 쿼크 유효 이론은 그의 박사 학위 논문 주제이기도 하다. 그는 질량이 무거운 쿼크로 만들어진 B 중간자의 붕괴 현상을 이해하려고 했다. B 중간자는 보텀 쿼크와 가벼운 다른 쿼크의 반입자로 구성돼 있다. 최준곤 교수는 "B 중간자를 구성하는 보텀 쿼크 질량이 무한대라는 극한으로 가면 세상이 어떻게 보일까를 연구했다."라고 말했다. 나는 무슨 말인지 알아듣지 못해 어리둥절했다.

지도 교수 조자이와 함께 쓴 이 논문은 발표한 뒤에 세상의 주목을 받지 못했다. 논문이 나오고 4년이 지난 뒤에야 인용되기 시작했다. 무거운 쿼크 유효 이론 연구가 이때가 되어서야 QCD 연구자 사이에서 붐을 이뤘다. 하버드 대학원 2년 후배인 애덤 포크(Adam Falk) 앨프리드 슬론 재단 이사장이 최준곤 교수 논문이 한동안 주목받지 못했던 이유를 나중에 알려 줬다. 그는 "내 논문이 나왔을 때 왜 인용하는 사람이 없었냐?"라는 최 교수 질문에 대해 "당시는 그게 무슨 말인지 아무도 몰랐다."라고 답했다. 하버드 대학교 물리학과의 동료 연구자들도 이해하지 못하는 물리학을, 내가 한 번의 취재로 잘 전달할 수 없다는 게 당연하다고 스스로 위안해 본다. 다만 최준곤 교수가 '무거운 쿼크 유효 이론'에서 연구한 B 중간자 붕괴가 1990년대에는 중요한 이슈였다는 건 귀에 들어왔다. B 중간자 붕괴를 연구해서 우리 우주가 왜 현재와 같은지, 즉 물질이 반물질보다 압도적으로 많은지를 알 수 있었다고 했다.

최준곤 교수는 하버드 대학교에서 1990년 박사 학위를 받은 뒤 미국 시애틀에 있는 워싱턴 대학교에서 2년간 박사 후 연구원으로 일했다. 그리고 고려 대학교에 자리가 생겨 미국 생활을 급작스레 접고 한국에 돌아왔다.

"아쉬움이 컸다. 미국에 더 있었으면 연구하기 좋았을 것이다. 서울에 오니 QCD 연구자가 없었다. 연구를 하다가 막히면 이야기를 나눌 동료들이 필요한데 그럴 사람이 없었다. 성과를 내도 발표할 곳이 없었다. 한국에는 내 연구를 이해하는 사람이 없었다. 그렇다고 미국에 있는 동료들과는 지리적으로 떨어져 있어 함께 토론할 수 없었다. 연구가 나아가지 못했다."

최준곤 교수가 기여한 두 번째 유효 이론은 2000년쯤부터 연구가 시작됐다. 무거운 쿼크의 유효 이론은 질량이 무한히 큰 경우를 본 것인데, 그와는 반대로 운동량이 무한히 커지면 어떻게 되느냐를 연구했다. 운동 에너지가 높은 입자는 질량을 갖지 않는 것과 다름없다. 가령 물체가 광속에 가깝게 운동하면 질량은 거의 없는 상태가 된다. 질량을 무시할 수 있다. 이 경우에도 유효 이론을 만들 수 있느냐는 게 그의 문제 의식이었다. 이건 나중에 SCET라고 불리게 된다.

2000년대 초반에 생긴 SCET 연구 그룹에는 캘리포니아 대학교 샌디에이고 캠퍼스, MIT, 버클리 대학교, 카네기 멜론 대학교 교수들이 참여했다. 최준곤 교수는 "걱정하지 마라. 강한 상호 작용은 적용되는 에너지에 따라 그 과정을 나눌 수 있고, 원하는 정확도로 계산할 수 있다."라고 이야기했다. 그때부터 SCET 커뮤니티가 훌쩍 컸다. QCD 연구는 SCET로 쏠렸다. 이후 10년 정도 붐이 일었다.

최준곤 교수는 "SCET가 나오기 전까지는 QCD 제트 연구를 제대로 할 수 없었다. 가속기 입자 검출기에서 쏟아져 나오는 제트 현상을 나눠 보기가 너무 힘들었다. SCET는 혁신적인 아이디어다. 지저분했던 것이 깨끗해졌다."라고 설명했다.

유효 이론 SCET는 입자의 운동 에너지가 무한히 커질 경우를 다룬다고 했다. LHC에서 양성자와 양성자가 14테라전자볼트의 에너지로 정면 충돌한다. 매우 높은 에너지다. 입자 충돌 직후를 검출기로 보면 수없이 많은 입자가 선을 그리며 사방으로 나가는 게 나타난다. 높은 운동 에너지를 가진 입자 2개가 서로 다른 방향으로 나오고, 에너지가 낮은 다른 부분들이 있다. 최준곤 교수는 "제트의 물리 현상은 에너지가 높은 부분과 낮은 부분으로 갈린다. 충돌 에너지가 높으면 그렇다. 따로 나눠 계산할 수 있고 잘 나누면 계산이 쉬워진다."라고 말했다.

최준곤 교수는 SCET 이론을 가속기에서 나오는 데이터에 적용했다. 이후 가속기를 이용한 연구가 폭발적으로 증가했다. 이론 물리학자는 실험 물리학자들이 쏟아 내는 데이터를 보며 실험에 맞춰 계산을 해 줘야 한다. SCET 이론을 사용하면 정확도를 높여 계산을 쉽게할 수 있다. 지난 7~8년 사이 벌어진 일이었는데 지금 또 막혔다. 그를 취재한 것은 2019년이다. 그래서 지금 이론가는 다시 실험가를 바라보고 있다고 했다.

최준곤 교수가 몸담고 있는 고려 대학교에는 QCD 연구자가 모두 3명이 있다. "2명의 교수를 내가 주장해서 뽑았다. 고려 대학교가 한국에서는 QCD 그룹이 있는 유일한 학교다." 2명의 교수 중 이정일 교수는 최준곤 교수의 서울 대학교 물리학과 3년 후배다. 이승준 교수는 미국 코넬 대학교에서 박사 학위를 받았다. 최준곤 교수에게서 배운 똑똑한 고려 대학교 학생 김철도 있다. 그는 지금 서울 과학 기술 대학교 교수로 일한다. 최준곤 교수는 다정한 아버지이기도 하다. 쌍둥이가 성장하는 시기에 맞춰 아이들에게 물리를 설명하는 책,『소리를 질러 봐』(2006년),『행복한 물리 여행』(2011년)을 썼다. QCD에서 노벨상이 더 나올 게 있느냐는 질문에 그는 이론적인 발전이 더 있기는 힘들다고 말했다.

20장 강력을 설명하는 격자 QCD 물리학

김세용

세종 대학교 물리 천문학과 교수

김세용 세종 대학교 물리학과 교수는 스위스 베른에 머물고 있었다. 알베르트 아인슈타인 센터 부설 이론 물리학 연구소에서 연구년을 보내는 중이다. 그는 격자 QCD(lattice QCD)라는 분야에서 국제적 지명도를 가지고 있다. 베른에서 서울로 잠시 귀국한 그를 세종 대학교 연구실에서 만났다. 2019년 4월이었다.

그가 서울에 들른 것은 '슈퍼컴퓨터' 때문이다. 그는 국내 고성능 컴퓨터 분야에서 이름이 잘 알려져 있다. 물리학자가 슈퍼컴퓨터 전문가인 게 얼핏 이해되지 않았다. 그는 "물리학자는 연구에 필요한 도구가 없으면 직접 만든다. 한때 물리학자들에게 없는 도구가 슈퍼컴퓨터였다. 그래서 물리학자가 슈퍼컴퓨터를 직접 만들게 됐다."라고 했다. 격자 QCD 연구는 상상할 수 없을 정도로 많은 컴퓨터 계산이 필요하다. 슈퍼컴퓨터로도 보통 몇 년씩 걸리는 계산을 한다.

연구실 한쪽에 감사패 2개가 보였다. 한국 과학 기술 정보 연구원

(KISTI)과 기상청이 각각 2002년과 2004년에 보내온 것이다. KISTI는 대덕 연구 개발 특구에 있는 정부 출연 연구 기관이다. 계산을 필요로 하는 과학자에게 고성능 컴퓨터를 사용할 수 있도록 한다. 기상청은 일기 예보 능력의 향상을 위해 슈퍼컴퓨터를 사용한다. 두 기관이 슈퍼컴퓨터를 선정할 때 김세용 교수가 기술 자문을 해 줬다.

김세용 교수는 서울 대학교 물리학과 81학번이다. 학부를 마치고 1985년 미국 뉴욕의 컬럼비아 대학교로 박사 공부를 하러 갔다. 그곳에서 QCD를 공부했다. 강한 상호 작용이라는 자연의 기본적인 힘을 설명하는 물리학이다. 그런데 생각지 않게 슈퍼컴퓨터를 배웠다. 격자 QCD를 공부하던 물리학자가 고성능 컴퓨터에 꽂힌 이야기를 우선 들어 보기로 했다.

김세용 교수가 연구실 책꽂이에서 학술지《사이언스(Science)》를 꺼내 보여 줬다. 1988년 3월 18일자였다. 표지는 컴퓨터 내부를 촬영한 사진이 장식하고 있었다. 컬럼비아 대학교 대학원 물리학과의 지도 교수 노먼 크리스트(Norman Christ)가 만든 슈퍼컴퓨터다. 학술지의 차례 면을 열어 보니「격자 게이지 이론을 위한 병렬 슈퍼컴퓨터 (Parallel supercomputers for lattice gauge theory)」라는 논문 제목이 있었다. 저자는 노먼 크리스트다. 31년 전에 최상위 과학 학술지 표지 논문으로 실릴 만큼 슈퍼컴퓨터가 과학 분야에서 주목을 받았다는 이야기다.

《사이언스》에 실린 모델 이름은 '컬럼비아 64 노드 머신'이다. 과거 286 컴퓨터 혹은 AT라고 불렸던 데스크톱 PC가 있었다. 286에 들어가는 286칩 64개로 만든 슈퍼컴퓨터였다. PC가 막 나오기 시작했고,

대규모 계산 능력이 아쉬웠던 컬럼비아 대학교 격자 QCD 연구자가 값싼 PC를 여러 대 연결해 고성능 컴퓨터를 만든 것이다. 김세용 교수는 이 컴퓨터 모델 제작에는 참여하지 않았다. 그가 1987년 연구실에 합류했을 때 컴퓨터는 개발돼 있었다. 대신 그는 고성능 컴퓨터의 유지 관리와 보수, 프로그래밍을 배웠다. 컴퓨터 칩은 사용하다 보면 고장이 나는 법이다. 그러면 계산이 틀리게 나온다. 크리스트 교수는 슈퍼컴퓨터 성능 향상을 위해 계속 노력해 나중에는 IBM 슈퍼컴퓨터 블루진 초기 모델을 만들어 내기도 했다.

김세용 교수는 1991년 컬럼비아 대학교에서 박사 학위를 받은 후 미국 시카고 인근에 있는 국립 아르곤 연구소(Argonne National Laboratory)로 옮겨 갔다. 이곳에서 그는 인텔의 대규모 병렬 컴퓨터인 인텔 터치스톤 델타 모델을 베타 테스트하고, 연산 속도에서 세계 기록을 세웠다. 이런 분야를 실험 컴퓨팅(experimental computing)이라 한다. 그는 당시 인텔 모델에서 결함을 찾아냈다. 인텔 자체의 정확도 검사(acceptance test)에서는 문제가 드러나지 않았으나, 김세용 교수가 격자 QCD 연구를 위해 제작한 프로그램 코드로 확인해 보니 매번 다른 계산 결과를 내놓았다. 인텔은 이 오류를 수정하고, 1992년 인텔 파라곤(Paragon)이라는 이름으로 제품을 상용화했다. 그는 고성능 컴퓨터를 다룬 연구 경력 때문에 지인들로부터 납땜과 인두로 QCD를 배웠다는 우스갯소리를 듣는다.

김세용 교수는 1995년 귀국해서 서울 대학교 이론 물리 연구소에서 2년, 고등 과학원에서 6개월간 일했다. 1998년 세종 대학교 교수가 되었다. 교수가 된 시기는 외환 위기로 한국이 경제적으로 어려울 때였다. 그는 물리학자로서 한국에서 입지를 다지기 전에 고성능 컴퓨터 전문가로서 먼저 이름을 알렸다. 서울 대학교 이론 물리 연구소에서 일하던 어느 날 KISTI에서 연락이 왔다. KISTI는 1996년 병렬 슈퍼컴퓨터 도입을 추진했다. 이를 위해 여러 나라의 슈퍼컴퓨팅 센터를 찾았다. 그러던 중 영국 에든버러 병렬 컴퓨팅 센터(Edinburgh Parallel Computing Centre, EPCC)에 갔다가 한국에 김세용이라는 고성능 컴퓨터 전문가가 있다는 말을 들었다. EPCC 대표인 리처드 캔웨이(Richard Kenway) 박사가 말한 이름을 듣고 한국에 돌아온 KISTI는 곧바로 김세용 박사를 찾았다. 김세용 교수는 당시를 돌아보며 "KISTI는 크레이 T3E 병렬 슈퍼컴퓨터를 도입했다. 이 슈퍼컴퓨터를 도입하기 전에 잘 운영할 수 있도록 교육하고 시스템 셋업을 하는 데 도움을 줬다."라고 말했다.

그는 한국 고성능 컴퓨터 커뮤니티에도 기여했다. 1998년 삼성전자의 지원을 받아 슈퍼컴퓨터의 한 종류인 리눅스 클러스터를 만들었다. 삼성전자가 알파 프로세서를 만들었는데 계산 성능이 인텔 제품보다 좋았다. 삼성전자가 빌려준 알파 프로세서 8개를 PC에 장착해 병렬로 사용했다. 2000년 2월 한국 정보 과학 학회가 발행한 학회지에 쓴 「베오울프 클러스터를 이용한 격자 양자 색소 역학 계산」 논문이 당시 연구를 전한다.

이때 사진 기자가 연구실에 도착했다. 촬영을 하기 위해 인터뷰를 일시 중단했다. 김세용 교수는 연구실이 있는 건물의 같은 층 다른 방에 병렬 컴퓨터를 설치, 운용하고 있다. 사진을 찍으러 그 방으로 갔다. 연구실 3배 정도 크기의 방에 컴퓨터가 가득했다. 슈퍼컴퓨터도 보이고 일반 데스크톱 PC들도 보였다. 슈퍼컴퓨터는 다른 교수가 사용한다고 했다. 컴퓨터 제조업체 델이 만든 데스크톱 PC 150대를 병렬로 연결해 쓰고 있었다. 연구비가 많지 않으니 슈퍼컴퓨터를 사지는 못하고 값싼 데스크톱을 갖고 계산 능력을 확보하고 있었다.

사진을 찍고 그의 연구실로 돌아왔다. 책장에는 컴퓨터 관련 책이 많이 꽂혀 있었다. 김세용 교수는 "격자 QCD 이야기는 아직 하지도 않았다."라면서 나를 보고 빙긋 웃었다. 이제부터 그의 격자 QCD 연구 이야기를 들어야 한다. 머리가 지끈거렸다.

김세용 교수는 강한 상호 작용을 연구한다. 그는 실험 물리학자가 아니라 이론 물리학자다. 격자 QCD는 QCD 연구를 위한 방법론이다. QCD는 양성자들이 원자핵 안에서 붙어 있는 현상을 연구한다. 양성자는 양전기를 띤다. 그렇다면 서로 밀어내는데 전기적 척력보다 강한 힘에 붙들려 꼼짝 못 하고 있다. 전기력을 압도하는 힘을 강력이라고 부른다. 강력은 전기력과 비교할 수 없을 정도로 강하다. 과학자들은 양성자와 양성자가 서로 잡아당기는 이 힘이, 사실 쿼크라는 입자 사이에서 일어난다는 것을 알아냈다. 쿼크는 양성자나 중성자 안에 3개씩 들어 있다. 물질 입자인 쿼크들은 서로 글루온이라는 힘 입자를 주고받으며 상호 작용을 한다.

온도와 밀도를 기준으로 QCD 상태는 세 가지다. 강입자(속박), QGP(쿼크-글루온 플라스마), 색깔 전하의 초전도 상태다. 강입자는 쿼크

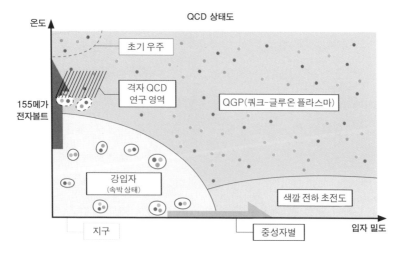

QCD에서 예상되는 물질의 여러 상태를 나타냈다. 가로축은 입자 밀도를 나타내고 세로축은 온도를 나타낸다. 온도가 155메가전자볼트 이상이면 QGP 상태가 된다.

의 에너지 밀도와 온도가 낮을 때 나타나며, 내용이 잘 알려져 있다. 쿼크는 양성자나 중성자 안에 갇혀 있어 밖으로 나오지 못한다. 혼자 돌아다니는 자유 쿼크는 없다. 이 때문에 강입자는 속박 상태라고 표현한다.

두 번째 QCD 상태는 QGP다. QGP는 고온, 고밀도에서 나타난다. 이때 쿼크와 글루온이 속박에서 풀려난다. 양성자와 중성자 밖으로 나와 자유롭게 돌아다닌다. 자유 쿼크가 나타나는 것이다. 155메가 전자볼트 이상이면 QGP 상태가 된다. QGP를 이해하기 위한 실험이 CERN의 앨리스 실험이다. 김세용 교수는 앨리스 실험에 이론가로서 참여하고 있다. 중이온과 중이온을 충돌시켜 QGP를 만들고, QGP의 특징을 알아내려고 한다.

세 번째 QCD 상태는 색깔 전하의 초전도 상태다. 온도는 상대적으로 낮고 밀도가 높을 때 나타난다. 초전도는 전기 저항이 사라지는 특이한 상태로, 전자기 상호 작용에서 확인됐다. 그런데 QCD에서도 초전도 상태가 있다. QCD에서 사라진 저항은 전기 저항이 아니라 색깔 전하 저항이다. 색깔 전하는 강한 상호 작용에서 나타나는 물리량이며, 색깔과 비슷한 특징이 있다고 해서 색깔 전하라는 이름이 붙었다. 김세용 교수는 "색깔 전하의 초전도 영역(color superconductivity)은 아직 격자 QCD로도 정확히 연구할 수 없다. 이 현상은 중성자별 내부에 나타날 것으로 추정된다."라고 했다. 색깔 전하의 초전도 상태를 연구하기 위해 독일은 다름슈타트 소재 GSI 헬름홀츠 연구소에 페어(FAIR) 가속기를 짓고 있다. 5년 내 가동이 목표다.

김세용 교수에게 QCD 물리학자로서 무엇을 알고 싶은지를 물었다. 그는 "QGP가 만들어졌는지 여부와 몇 도에 QGP가 생겼으며, 그때 어떤 현상이 일어나는지 연구하고 있다."라고 말했다.

격자 QCD 방법론은 손으로 계산할 수 없는 복잡한 QCD 계산을 위해 1974년 케네스 윌슨이 개발했다. 윌슨은 '쿼크 속박'을 주제로 한 논문을 썼다. 윌슨은 시공간을 바둑판 혹은 격자 모양으로 쪼개고 계산한다는 격자 QCD의 핵심 아이디어를 개발했다. 그리고 쪼갠 공간에서 쿼크와 글루온 장이 어떻게 되는지 생각했다. 그 결과 쿼크 사이 강력은 거리가 멀어질수록 강해진다는 것을 정성적으로 보여줬다. 즉 쿼크와 쿼크를 멀리 떼어 내려고 할수록 에너지가 많이 든다는 것을 확인했다. 물리학자는 방정식을 만들고 실험하고 새로운 결과를 예측한다. QCD를 이해하려면 정성적 특징만으로는 부족하다. 물리 현상의 정량적인 특징을 알아내야 한다. 윌슨의 연구를 발전시켜야 한다.

시공간을 어떤 식으로 쪼개느냐고 물었다. 시공간을 쪼개는 한 방법으로 '$64^3 \times 128$'이 있을 수 있다고 했다. 64는 3차원 공간의 한 축을 쪼갠 숫자다. 공간은 3차원이니 공간을 쪼갠 격자의 개수는 $64 \times 64 \times 64$가 된다. 그리고 128은 시간 차원을 쪼갠 숫자다. 시간 차원이 1개 이상이라니 무슨 뜻일까? 어쨌거나 잘 보면 128은 공간의 한 방향을 자른 숫자(64)의 2배 크기다. 이 정도면 어마어마하게 큰 숫자라고 생각할 수 있다. 김세용 교수는 이런 식으로 시공간을 쪼개고 그 격자에 걸쳐 있는 쿼크 장의 모양을 본다고 했다.

김세용 교수의 개인 연구로 취재 방향을 돌렸다. 1991년 박사 학위 논문 제목은 「쿼크 맛깔이 8개와 17개인 경우 격자 QCD의 유한 온도 상의 구조(Finite-temperature phase structure of lattice QCD for 8 and 17 flavors)」이다. '쿼크 맛깔(quark flavor)'은 쿼크의 종류를 말한다. 6개가 알려져 있다. 또 상전이는 양성자나 중성자가 깨지고 그 안에 있는 쿼크와 글루온이 풀려나오는, 즉 QGP로 바뀌는 것을 말한다. 그러니까 그는 쿼크 종류가 6개보다 많은 경우에 상전이 온도가 어떻게 달라지는지 연구한 것이다. 그는 쿼크 종류가 8개인 경우에도 물리학이 여전히 성립할 수 있다는 것을 발견했다. 현재 쿼크는 6종이라고 알려져 있으나, 실제 몇 개인지는 정확히 모르고 있다고 그는 말했다.

김세용 교수 연구 중 가장 유명한 것은 QGP의 전기 전도도 관런 2007년 논문(「높은 온도에서 글루온들만의 격자 QCD 이론으로 계산한, 작은 에너지에서의 스펙트럼과 전기 전도도(Spectral functions at small energies and the electrical conductivity in hot quenched lattice QCD)」)이다. 쿼크와 글루온이 속박에서 풀려나 자유롭게 돌아다니는 플라스마 상태에서 전하가 얼마나 잘 움직이는지를 계산했다. 논문 피인용 횟수가 292회(2022년 4월 구글 스칼라 기준)이다. 김세용 교수는 "커뮤니티가 상대적으로 작은 내 분야에서 이 정도 피인용 횟수면 많은 것이다."라고 했다.

2011년에는 QGP의 물리적 성질을 알아내는 연구를 했고, 역시 《피지컬 리뷰 레터스》에 논문이 나왔다. 이때는 영국 스완지 대학교 연구자들과 공동 연구했다.

"QGP가 몇 도에서 만들어지는지 알아내기 위한 잣대로 쿼코늄(quarkonium)이라는 입자를 연구했다. 2년에 거쳐 논문을 썼다. 논문을 쓰고 후속 연구를 아직까지 하고 있으니 계산만 8년째 하고 있는 것이다. 이제 실마리가 보인다." 그가 계산을 위해 도입한 새로운 방법이 '비상대론적 양자 색역학(non-relativistic QCD, NRQCD)'이다. 유럽의 슈퍼 컴퓨팅 자원을 사용해 계산한다. 그가 《피지컬 리뷰 레터스》에 처음 논문을 쓴 게 1996년이었는데, 이때 NRQCD라는 방법을 배우면서 쿼코늄 관련 계산을 시작했다.

김세용 교수는 스위스 베른에서 아인슈타인 센터 부설 이론 물리학 연구소 소장인 미코 라이네(Mikko Laine) 교수와 공동 연구 중이라고 했다. 연구 주제는 QGP가 열평형 상태일 때 보텀 쿼크가 몇 개 있는가다. 500메가전자볼트에서 보텀 쿼크가 몇 개 존재하느냐 문제는 암흑 물질 연구와도 연결된다. 암흑 물질은 정체는 모르나 우주 전체 질량과 에너지의 25퍼센트를 차지한다. 그는 "QGP 현상 때 보텀 쿼크가 몇 개 있느냐 하는 문제는, 바꿔 생각하면 우주 초기에 암흑 물질이 몇 개였느냐 하는 문제가 된다."라고 말했다. 2016년과 2017년에 관련 논문을 썼고 이번에 베른에 가서도 논문 한 편을 프리프린트 사이트인 아카이브에 올렸다. 그는 이 역시 중요한 이론 연구라고 생각한다.

김세용 교수에게 격자 QCD 분야에서 그의 지명도를 확인할 수 있는 장면을 소개해 달라고 했다. 2007년 영국 왕립 학회(Royal Society)로부터 연구비를 지원받았던 일, 2013년 이탈리아 트렌토의 국립 핵물리학 연구소(Istituto Nazionale di Fisica Nucleare, INFN)에서 자신이 조직했던 학회(Heavy Quarks and Quarkonia in Thermal QCD), 그리고 2015년 영국 사우샘프턴에서 열린 학회를 소개했다. 김세용 교수는 500명이 참석하는 연례 격자 QCD 학회에서 전원 모임 발표자로 초청받은 적도 있다. 전원 모임 발표는 그 분야의 10명 정도의 대가가 하며, 그해의 연구를 리뷰한다.

김세용 교수가 체류 중인 스위스 베른은 아인슈타인이 상대성 이론을 만든 도시다. 특허청 직원이던 30대의 아인슈타인이 베른에서 위대한 발견을 했던 이야기는 그에게 묻지도 못했다. 그의 격자 QCD 이야기가 흥미롭기도 했고, 설명을 따라가기도 바빴기 때문이다.

2022년 현재, 김세용 교수는 스위스 베른에서 돌아와 한국에서 연구하고 있다.

21장 우주는 몇 차원 공간일까?

박성찬
연세 대학교 물리학과 교수

박성찬 연세 대학교 물리학과 교수를 취재하러 서울 신촌에 있는 연세 대학교 이과 대학 건물을 2번 찾았다. 그는 그때마다 에스프레소 커피를 만들어 줬다. 커피 맛이 좋았다. 처음 찾아갔을 때는 25분 정도 만났다. 스위스 제네바의 CERN에서 열리는 세미나에 참석하기 위한 출국이 임박해 있어 분주했다. 제네바에 다녀온 뒤 다시 만나기로 했다. 대화 주제를 차원 연구로 정하고, 이날은 헤어졌다. 그는 우주가 몇 차원 공간인지 의문을 품고 있다. 3차원 공간 외에도 눈에 보이지 않는 다른 차원의 공간, 즉 여분 차원(extra dimensions)이 있다고 믿는다. 그의 얘기를 듣기 전 미리 읽어 둘 만한 좋은 책을 물었더니 리사 랜들 교수의 책 『숨겨진 우주(*Warped Passages*)』(김연중, 이민재 옮김, 2008년)를 추천했다.

　몇 주 뒤 박성찬 교수를 다시 찾아갔다. 그는 고전 음악을 들으며 책상 앞에 앉아 있었다. 여전히 미국 물리학자 리처드 파인만(Richard

Feynman)의 그림이 연구실 칠판 한쪽에 붙어 있었다.

박성찬 교수에게 던진 첫 질문은 "신을 만나서 한 가지만 물을 수 있다면 무엇을 묻겠느냐?"였다. 그는 "하나의 질문에 담을 만큼 우리는 자연을 이해하지 못한다. 다만 차원 문제에 질문을 국한한다면, 시공간 차원인 4차원 외에 더 있는지 물어보고 싶다. 차원의 수가 자연이라는 석판에 새겨져 있는 숫자인가 하는 고민을 하고 있다."라고 말했다.

차원은 물리적인 공간 내 위치를 표시하는 데 필요한 정보량이다. 지구 표면의 위치는 위도와 적도로 표시할 수 있다. 가령, 청와대와 경복궁 신무문 사이의 도로 좌표는 북위 37.58도, 동경 126.97도이다. 2개의 정보가 있으면 찾아갈 수 있다. 청와대에서 대통령이 헬기를 타고 이륙하면 어떻게 될까? 대통령의 위치는 위도와 경도만으로는 표시하기에 충분하지 않다. 지상에서 얼마나 떠 있는지 하는 정보가 추가로 필요하다. 따라서 3개의 정보가 필요하다. 데카르트의 좌표계 개념으로 표현하면 이 3개의 정보는 x축, y축, z축에 있다. x, y, z를 '차원'이라고 말할 수 있다. 여기에 시간 정보를 추가하면 시공간은 모두 4차원이다.

시공간만 생각한다면 아인슈타인의 일반 상대성 이론은 순수한 중력 이론이다. 일반 상대성 이론에서 이론적으로 자유롭게 결정할 수 있는 매개 변수(free parameter)가 하나 있다. 차원의 수다. 차원의 수 말고는, 수학적 정합성에 따라 그 이론 형태가 결정돼 있다. 차원의 수 하나만 결정하면 이론의 모든 면이 정해진다는 말이다. 그렇다면 차원의 수를 정밀하게 측정할 수 있을까? 물리학자는 그런 것을 알고 싶어 한다.

박성찬 교수는 "시공간에는 큰 차원 4개가 있는데, 작은 차원이 부가적으로 있을 수 있다."라고 말했다. 이 작은 차원을 '여분 차원'이라고 한다. 작은 차원은 접혀 있어 보이지 않는다. 작은 차원이 몇 개이고, 크기가 얼마이고, 어떻게 생겼는지가 문제다. 3차원 공간이 있으면, 그 공간상의 어느 지점이나 작은 차원이 있을 수 있다.

자연의 기본적인 힘 4개 중에는 먼 거리에도 작용하는 게 2개 있다. 전자기력과 중력이다. 두 힘의 세기는 거리 제곱에 반비례해서 약해진다. 힘의 세기가 거리에 따라 약해지는 것과 공간의 차원이 관련 있다. 그가 뉴턴의 만유인력 법칙을 연구실 칠판 위에 썼다.

$$F_g = G\frac{m_1 m_2}{r^2}.$$

만유인력 방정식은 중력의 세기(F_g)는 두 물체의 거리 제곱에 반비례하고, 두 물체의 질량에 비례한다는 뜻을 담고 있다. 박성찬 교수는 "r의 지수 2는 '3 빼기 1'로, 3차원에서 1을 뺀 숫자다. 공간 차원의 수가 힘이 거리(r)의 몇 제곱으로 약해지는지를 결정한다. 뉴턴의 만유인력 법칙에 따르면 자연의 큰 차원이 3개인 걸 확인할 수 있다."라고 말했다. 공간의 차원이 4개라면 r^2이 아니라 r^3에 따라 중력이 약해진다는 말이다. 처음 듣는 말에 귀가 솔깃해진다.

만유인력 법칙에 나오는 r의 제곱수 2는 정확한가? 박 교수에 따르면 인류는 중력의 세기를 정확하게 측정하려고 노력해 왔다. 현재까지는 밀리미터 거리까지 측정했다. 밀리미터 거리에서 중력을 측정한 결과는 뉴턴의 만유인력 법칙에 나오는 r의 제곱이 2인 것을 확인해 준다. 이보다 짧은 거리, 즉 원자 간에 작용하는 중력의 세기는 아직 확인하지 못하고 있다.

여분 차원의 크기는 얼마나 될까? 중력의 세기 측정을 통해 밀리미터 크기보다 작다는 것은 알고 있다. 거기에서부터 플랑크 길이 1.6×10^{-35}미터라고 하는 지극히 작은 크기까지 가능하다. 수학적으로는 어느 크기라도 가능하나, 정확한 크기는 실험을 통해서 언젠가 확인될 일이다. 여분 차원은 3차원 모든 지점에 작은 반지 모양으

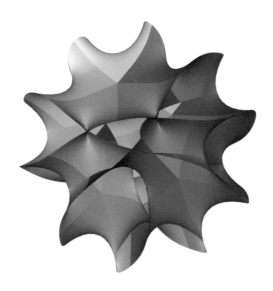

칼라비-야우 공간을 나타낸 이미지. 위키피디아에서.

로 달라붙어 있을지 모른다. 과학자들은 여분 차원의 가능한 모양을 이론적으로 분류하는 작업을 많이 하고 있다. 칼라비-야우 공간(Calabi-Yau space)이라는 수학적 구조가 대표적이다.

입자 충돌 실험으로도 중력이 어떻게 작용하는지 확인할 수 있다. 지극히 짧은 거리에서 일어나는 물리 현상을 입자 가속기 실험을 통해서 본다. 충돌 입자 사이에 작용하는 중력을 측정할 수 있다면, 입자 충돌에서도 중력 현상에 대한 힌트를 얻을 수 있다. 박성찬 교수는 서울 대학교 물리학과 대학원 시절과 박사 학위 직후인 2002년부터 2006년까지 이 연구에 집중했다.

"입자 충돌 실험에서도 중력 세기가 거리에 따라 갑자기 변한다면 무슨 일이 일어날까? 놀랍게도 블랙홀이 만들어질 수 있다. 나 말고도 그런 생각을 한 사람들이 있었다. LHC가 돌아가면 블랙홀이 만들어질 수 있다는 이야기를 많이 했다. 나는 블랙홀이 얼마나 많이 만들어지는지, 어떤 신호를 볼 수 있는지 연구했다. 그때 연구를 현재 LHC가 적용해 실험하고 있다. 블랙홀 찾기를 하고 있다."

LHC는 2008년에 가동됐다. 가동을 앞두고 블랙홀 논란이 있었다. 블랙홀이 만들어져 지구를 삼켜 버릴지도 모른다며 걱정하는 사람들도 있었다. LHC 가동 중지 소송을 낸 사람도 있을 정도였다. 하지만 논란은 근거가 없는 것으로 판정됐다.

박성찬 교수는 LHC가 아직 블랙홀을 만들지 못한다고 생각한다. 현재 생성할 수 있는 양성자-양성자 충돌 에너지로는 블랙홀 발생을 보지 못한다는 뜻이다. 이는 LHC 에너지가 도달할 수 있는 길이에서는 여분 차원을 볼 수 없다는 의미기도 하다. LHC보다 훨씬 강력한 입자 충돌 실험을 할 수 있다면 더 짧은 거리를 볼 수 있을 것이다.

박 교수가 LHC에서 보고자 하는 블랙홀 신호가 호킹 복사(Hawking radiation)다. 블랙홀이 만들어지면 호킹 복사가 일어나기 때문이다. 호킹 복사는 영국 물리학자 스티븐 호킹(Stephen Hawking)이 1974년 제시한 개념이다. 그때까지 사람들은 블랙홀이 물질을 삼키기만 하는 우주의 괴물이라고 생각했다. 그러나 호킹은 블랙홀에서 정보가 빠져나올 수 있으며, 시간이 무한히 오래 흐르면 블랙홀도 소멸할 수 있다고 했다. 그는 "LHC에서 블랙홀을 보기 위해 필요한 것은 '고차원 블랙홀의 호킹 복사'다."라고 말했다. 이 연구로 그는 2010년 일본 소립자 물리학회가 수여하는 '젊은 이론 입자 물리학자 상'을 받았다. 그는 2006년까지 블랙홀 관련 논문을 연속으로 3편을 썼다. 가속기에서 만들어진 블랙홀의 호킹 복사 연구가 중요하다고 강조했다.

박성찬 교수는 그간 발견한 것은 무엇인가 하는 질문에 "호킹 복사가 어떻게 생겼는지 정밀하게 해석했다. 그전까지는 블랙홀에서 에너지가 빠져나올 수 있다는 정도만 이야기했다면, 나는 호킹 복사가 어떻게 생겼는지 구체적으로 해석했다."라고 말했다. 그는 특히 5차원 이상 고차원 블랙홀을 연구했다. 입자 가속기에서 만들어지는 블랙홀에 관해 이렇게 설명했다. "입자 충돌로 블랙홀이 만들어진다면 그 블랙홀은 가만히 있지 않는다. 입자가 충돌하면서 생겼기에 회전한다. 즉 팽이가 도는 것처럼 각운동량을 가지게 된다. 우주에 있는 블랙홀과는 다르다. LHC에서 만들어지는 블랙홀은 생성 직후 붕괴하게 되어 있다. 이 블랙홀 붕괴의 문제를 당시 물리학계는 알고 싶어 했다." 그 문제에 도전해서 푼 사람이 박성찬 교수다. 지금도 LHC 실험은 블랙홀이 붕괴된 흔적을 찾고 있다. 쉽게 찾을 수 없다. 그는 더 높은 에너지로 가서 확인하면 좋겠다고 생각한다. 현재 CERN은 차세대 입자 가속기로 100테라전자볼트 급을 계획하고 있다. 중국도 비슷한 프로젝트를 진행 중이다. 이런 실험에서는 고차원 블랙홀을 볼 수 있을 것이다.

박성찬 교수가 블랙홀 신호를 찾기 위해 제안한 방법은 '회색체 인자(greybody factor)'다. 블랙홀에서 빛이 나올 때, 그 빛은 블랙홀이 뒤틀어 버린 시공간을 지나게 된다. 블랙홀은 질량이 무거워서 주변의 시공간을 심하게 왜곡한다. 이에 따라 블랙홀에서 나오는 빛은 블랙홀 주변 시공간의 왜곡에 관한 정보를 가지고 있다. 호킹 복사는 온도를 가진 흑체(blackbody)에서 나오는 일반 빛과는 다르다. 따라서 시공간이 휘어져 있다는 것을 감안해서 '회색체 인자'만큼을 보정하고 봐야, 블랙홀을 정확하게 이해할 수 있다.

이제 LHC에서 만들어지는 블랙홀에 적용해 보자. 블랙홀이 만들어졌다가 붕괴하는 상황에서는 굉장히 많은 입자가 쏟아져 나온다. 힉스 입자를 포함해 전자, 빛, 그리고 가장 무거운 기본 입자인 톱 쿼크까지 나온다. 박성찬 교수의 연구는 입자들이 쏟아져 나오는 패턴을 볼 때, 블랙홀 회색체 인자를 이해하고 있으면 블랙홀이 만들어졌는지 아닌지 알 수 있다고 한다. 입자의 에너지 스펙트럼을 보면, 그건 회색체 인자를 반영한 모양이 될 것이라고 했다.

LHC에서 또 다른 신호를 찾아볼 수 있지 않을까? 그렇게 해서 생각해 낸 것이 '여분 차원의 암흑 물질'이다. 여분 차원 속에 큰 물질, 이 경우에는 암흑 물질이 들어가 있을지 모른다는 상상을 하고 있다. 차원 크기와 관련해 물리적으로 의미 있는 것은 3차원 공간에서 여분 차원 방향으로 운동량을 가지고 움직이는 입자 상태가 일반적으로 가능하다는 점이다. 입자의 에너지가 올라가면 여분 차원 방향으로 입자가 이동할 수 있다.

박성찬 교수는 여분 차원 안에 뭔가 돌아가는 방향이 하나 더 있다고 생각한다. 여분 차원에서 입자가 운동한다고 본다. 여분 차원에 있는 입자를 3차원 공간에서 보면 정지해 있는 것 같다. 하지만 여분 차원에서 입자가 돌고 있다는 것은 에너지를 가지고 있다는 것이다. 에너지를 가졌다면 질량이 있다는 뜻이다. 여분 차원의 크기가 작을수록 3차원 공간에서 여분 차원 방향으로 움직이는 입자의 에너지, 즉 질량은 커야 한다. 더 짧은 길이에는 더 높은 에너지를 가져야만 들어갈 수 있다. 여분 차원에 들어 있다고 추정되는 입자를 칼루차-클라인 입자(Kaluza-Klein particle), 줄여서 KK 입자라고 한다. 테오도어 칼루차(Theodor Kaluza)는 우주가 3차원 이상으로 만들어졌을 수 있다는 것을 최초로 수학적으로 증명한 물리학자다. 펠릭스 클라인(Felix Klein)은 독일 수학자다. KK 입자가 있을 수 있다는 것은 여분 차원 연구의 또 다른 예측이다.

KK 입자는 어떻게 만들어질까? KK 입자는 질량이 무거운 입자여야 한다. 여분 차원에서 돌아다니려면 무거워야 한다. 무거운 입자는 입자 가속기에서 만들 수 있다. LHC의 입자 충돌 에너지를 더 높여서 충돌 시험을 하다 보면 새로운 입자가 나타날 수 있다. 그 입자가 우리가 알고 있는 입자보다 무겁고 성질은 비슷할 수 있다. 예를 들어 빛 입자, 즉 광자가 있고, 그 광자의 KK 상태를 생각할 수 있다. 보통 광자는 4차원 공간에서 돌아다닌다. 하지만 어떤 광자는 그렇게 돌아다니지 않고 여분 차원으로 들어가 돌아다닐 수 있다.

광자는 질량이 없다. 하지만 여분 차원 안에 있는 광자는 질량이 있다. 질량 크기는 여분 차원 크기에 반비례한다. 박성찬 교수는 무거운 광자가 여분 차원 안에 있을 것이라 예측한다. 전자와 같은 다른 입자도 여분 차원을 돌아다닐 수 있다면 KK 입자가 될 것이다. 이때 예측되는 전자 KK 입자의 성질은 4차원 전자와 다 같은데 질량만 다를 것이다.

그렇다면 LHC에서 KK 입자를 찾고 있을까? 리사 랜들의 책에 그런 내용이 있었다. 박성찬 교수는 "KK 입자의 질량이 가속기에서 만들어질 수 있는 크기라면 그렇다. 아직까지 발견되지 않았다. 이 말은 여분 차원의 크기가 현재 LHC에서 볼 수 있는 크기가 아니라, 그보다 작다는 뜻이다."라고 말했다. 박성찬 교수의 여분 차원 관련 연구 중 하나는, 보편 여분 차원(universal extra dimension) 이론에서 KK 광자가 암흑 물질 입자가 될 수 있다는 것이다. 처음 듣는 얘기다. '보편 여분 차원'은 또 무엇인가?

무거운 광자, 즉 KK 광자의 성질은 암흑 물질과 같다. 암흑 물질이 가져야 할 성질은 무겁다, 안정하다, 다른 입자와 상호 작용하는 크기가 적당하다는 세 가지다. KK 광자가 모두 만족한다. 박 교수는 여분 차원에서 암흑 물질 연구는 2006년부터 2011년까지 집중적으로 했다. 2011년 당시 그는 일본 도쿄 대학교 가시와 캠퍼스에서 특임 연구원으로 일했다.

그는 여분 차원과 관련해 한 가지를 더 말했다. 여분 차원이 위계 문제의 해법이 될 수 있다는 것이다. 위계 문제란 중력이 약력에 비해 왜 이렇게 약한가 하는 문제다. 이와 관련 중력이 여분 차원 방향으로 빠져나가고, 그만큼 4차원 세계에서 보면 중력이 약할 수 있다고 해석한다. 그런 설명 중 하나가 랜들의 모형이다. 박성찬 교수는 "여분 차원의 크기가 적당한 범위라면 중력이 약한 것이 이해된다. 그렇다면 LHC는 여분 차원을 확인할 수 있는 에너지 크기에 근접해 있다."라고 했다. 입자 충돌기에서 실험을 통해 확인 가능한 모형으로 큰 여분 차원 모형과 랜들-선드럼 모형이 있다. 두 모형을 결합해 만든 것이 박성찬 교수의 '쪼개진(split) 보편 여분 차원 모형'이다. 그의 여분 차원 연구는 2011년에 이론적으로 마무리됐다. 이제는 실험가에게 '여분 차원을 찾아 주세요.'라며 공을 넘겼다.

박성찬 교수의 연구는 주목을 많이 받은 듯했다. 하지만 그는 자랑을 하지 않아서, 연구가 학계에서 얼마나 주목받는지 가늠할 수 없었다. 연구 자랑을 조금 해 달라고 주문했다. 박성찬 교수는 "내 연구의 인용 횟수는 합해서 총 3,000회 정도다. 블랙홀 관련 논문들이 많이 인용됐다. 1,000번 정도다. 여분 차원의 암흑 물질 연구도 1,000번 정도 인용됐다."라고 말했다. 나는 3,000회 인용이 어느 정도 대단한 것인지 감을 잡지 못했다. 그는 "잘하는 편이죠."라고만 말했다.

박성찬 교수는 2011년 이후에 "가속기 물리학에 한정하지 않고 초기 우주부터 우주 자체가 실험실이 되는 가능성을 깊게 생각하고 있다. 여분 차원을 비롯한 새로운 물리학을 찾는 방법으로 우주로 눈을 돌리고 있다."라고 말했다. 그는 우주선과 암흑 물질, 초기 우주의 '힉스 인플레이션(Higgs inflation)'을 연구하고 있다.

우주가 3차원 공간이 아닐지 모른다는 발상은 끈 이론에서 나왔다. 끈 이론가들이 수학적으로 이론을 만들다 보니, 10차원이라고 생각할 경우에 아귀가 잘 맞아 들어갔다. 끈 이론은 순수 이론이다. 하지만 입자 현상론 쪽 접근은 다르다. 입자 현상론자는 실험으로 확인할 수 있는 이론 모형을 만든다. 입자 현상론자인 박성찬 교수는 여분 차원이 존재했을 때 발생할 수 있는 자연 현상을 바라본다. 그 문제를 풀 수 있는 도구로서 여분 차원을 생각하는 것이다.

박성찬 교수는 서울 대학교 91학번이다. 대학원에서는 송희섭 교수에게서 가속기 물리학을 공부했다. 당시 여분 차원 연구가 세계적으로 주목받았다. 랜들-선드럼 모형이 나왔을 때다. 그는 여분 차원의 가속기 현상학으로 박사 학위를 받았다. 박사 후 연구원 시절에는 미국 코넬 대학교 차바 차키(Csaba Csaki) 교수에게서 배웠다. 차바 교수는 여분 차원 연구자였다. 박성찬 교수는 힉스 입자가 없다고 전제한 여분 차원 이론을 개발하려고 했다. 힉스 입자가 있으면 위계 문제가 있어서, 힉스 없이 현상을 설명하는 이론을 만들어 보려고 했다. 이론을 만들었으나 2012년 힉스 입자가 발견되면서 그 이론은 틀린 것으로 드러났다.

박성찬 교수는 물리학을 선택한 이유는 지적으로 흥미롭기 때문이라고 말했다. "물리학은 어려운 학문이다. 이론 물리학의 언어가 수학이기 때문이다. 수학의 언어는 일상어로 번역이 안 된다." 그래도 그는 수학을 등장시키지 않고도, 물리학의 관전자인 내게 일상어로 이야기를 흥미롭게 들려줬다. 그 정도면 충분하다고 생각했다.

22장 블랙홀은 양자 중력 문제를 풀 수 있는 도구다

김석

서울 대학교 물리 천문학부 교수

휠체어를 탄 스티븐 호킹은 유명한 이론 물리학자였다. 그런데 호킹이 왜 위대한가를 아는 사람은 별로 많지 않다. 호킹이 업적을 남긴 분야 중 하나는 블랙홀 연구다. 서울 대학교 연구실에서 만난 김석 물리학과 교수는 "내 연구는 1970년대 호킹이 한 연구를 기초로 한다."라고 말했다. 김석 교수는 블랙홀의 양자 물리학 및 열역학을 연구하는 이론 물리학자다. 양자 물리학은 원자와 같은 작은 입자 세계를 연구하는 분야이며 열역학은 에너지, 일, 열, 엔트로피를 다루는 물리학이다.

블랙홀은 아인슈타인이 만든 일반 상대성 이론을 통해 예측됐다. 아인슈타인이 1915년 일반 상대성 이론을 내놓자 독일 물리학자 카를 슈바르츠실트(Karl Schwarzschild)가 일반 상대성 이론의 중력장 방정식을 연구했고, 방정식의 해(解) 중 하나가 블랙홀이라는 것을 알아냈다. 작은 공간 안에 질량을 충분히 집어넣을 수 있으면 블랙홀을 만들 수 있다. 블랙홀을 만들 수 있는 공간의 반지름을 '슈바르츠실트 반지름(Schwarzschild radius)'이라고 한다. 예컨대 태양을 반지름 3킬로미터 크기로, 지구는 9밀리미터로 압축할 수 있으면 블랙홀이 될 수 있다. 당시 아인슈타인은 슈바르츠실트의 해가 수학적으로는 옳을지 모르나 자연에는 그 같은 괴물이 있을 수 없다며 무시했다. 그때가 1916년이었다.

시간이 흘러 1930년대 천체 물리학계는 별의 운명을 연구하기 시작했고 결국 블랙홀 발견으로 가는 길을 닦았다. 수브라마니안 찬드라세카르(Subrahmanyan Chandrasekhar)의 백색 왜성 연구, 프리츠 츠비키의 초신성 및 중성자별 연구, 로버트 오펜하이머(J. Robert Oppenheimer)의 질량 붕괴 예측이 그 일부다. 시간이 지나 1964년부터 1970년 중반까지는 블랙홀 연구의 황금 시대가 열렸다.

블랙홀은 좁은 공간에 엄청난 질량을 가진 괴물이어서 주변 물질을 빨아들인다. 빛마저 빨아들여 블랙홀에서는 빛도 새어 나오지 않는다. 그러니 눈으로는 볼 수 없는 천체다. 블랙홀 연구의 황금 시대를 지나면서 물리학자들은 블랙홀이 고요한 구멍이 아닌 다소 역동적인 대상이라는 것을 알게 됐다. 1975년까지 블랙홀이 질량, 각운동량, 전하라는 세 가지 물리량을 가진다는 것을 알아냈다.

그런데 스티븐 호킹이 상대성 이론가들의 연구와는 다른 주장을 내놓았다. 호킹은 1974년 블랙홀에서 물질이나 빛이 빠져나올 수 있다는 '호킹 복사'를 주장했다. 호킹은 블랙홀 표면 근처에서의 양자 역학을 생각했다. 양자 역학의 중요한 성질 중 하나는 진공에서 입자

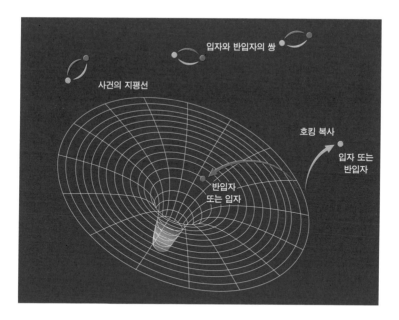

블랙홀 사건의 지평선에서 일어나는 호킹 복사를 나타낸 개념도. 진공에서 생성되는 입자쌍 중 하나는 블랙홀 안으로 들어가고, 다른 하나는 블랙홀 밖으로 나가면서 복사를 일으킨다.

가 쌍생성하고 쌍소멸한다는 것이다. 가상의 입자들이 생겨났다 없어진다. 호킹은 블랙홀 표면에서 일어나는 양자 물리학을 생각한 결과, 동시에 생성된 입자 2개 중 하나는 블랙홀 밖으로 나오고, 하나는 블랙홀 안으로 들어갈 수 있다는 것을 알아냈다. 방출되는 입자는 열복사를 하듯이 나온다.

호킹 연구는 제이컵 베켄스타인(Jacob Bekenstein)이라는 미국 프린스턴 대학교 연구자에게서 자극받아 나왔다. 블랙홀에는 사건 지평선(event horizon)이 있다. 이 선을 넘어 들어간 정보는 되돌아 나오지 않는

22장 블랙홀은 양자 중력 문제를 풀 수 있는 도구다

다고 해서 이런 이름이 붙었다. 베켄스타인은 1972년 블랙홀의 사건 지평면이라는 표면의 넓이에 주목했다. 그리고 그 넓이가 해당 블랙홀의 내부 정보, 즉 엔트로피를 측정할 수 있는 척도라고 주장했다. 엔트로피는 열역학적 상태 함수를 가리킨다.

호킹은 블랙홀이 엔트로피를 가진다면, 역으로 블랙홀은 온도를 가져야 한다고 주장했다. 온도를 가지는 물체는 복사를 방출한다. 호킹은 사건 지평면의 넓이가 블랙홀 엔트로피에 비례한다는 베켄스타인의 연구를 논박하기 위해 연구를 시작했는데 연구를 해 보고 자신이 틀렸음을 알았다.

호킹은 블랙홀이 열역학적임을 확인했다. 블랙홀 지평면의 넓이라는 말은 엔트로피로, 사건의 지평면 표면 중력을 온도로 바꾸면 블랙홀 법칙은 열역학 법칙과 동일했다. 블랙홀의 열역학이 탄생하는 순간이었다. 사람들이 놀란 이유는 블랙홀의 열역학적인 성질이 넓이라는 블랙홀의 기하학에 반영되어 있다는 점이었다. 사건 지평면이라는 블랙홀의 기하학적 특성을 보면, 블랙홀의 열역학을 알 수 있다는 것은 충격이었다.

김석 교수는 엔트로피를 이렇게 설명했다. "엔트로피는 상태의 수다. 열역학적인 물체가 가지고 있는 경우의 수를 가리킨다." 열역학적인 상태는 고전 역학에서 엄밀하게 정의할 수 없는 양이다. 상태의 수를 하나, 둘 세는 것은 양자 역학으로 할 수 있다. 블랙홀이 열역학적으로 작동한다는 것은 블랙홀의 양자 역학적인 거동을 보여 준다는 것으로 이해됐다. 블랙홀 열역학을 미시적으로 연구하는 것이 블랙홀의 양자 역학을 이해하는 것이며, 나아가서는 양자 역학으로 중력을 이해할 수 있는 길이라고 생각하게 되었다.

중력은 뉴턴의 중력 법칙, 그리고 아인슈타인의 중력장 방정식으로 설명된다. 하지만 양자 역학은 중력을 어떻게 설명해야 하는지 모른다. 양자 역학이 다루는 아주 작은 세계, 즉 원자 세계에서 작용하는 중력을 표현하는 방정식을 갖고 있지 않다. 우주에는 크게 네 가지 힘이 있다. 중력을 제외한 전자기력, 약력, 강력은 양자 역학으로 잘 설명된다. 원자 세계에서 힘이 작동하는 역학을 잘 이해하고 있다. 그런데 물리학자가 양자 역학으로 중력을 기술하려고 하면, 그 방정식의 해는 무한대로 나온다. 물리학자에게 무한대는 재앙이다. 중력 이론과 양자 역학을 통합한 양자 중력 법칙의 발견은 물리학자의 최대 과제 중 하나이며, 물리학자가 찾는 성배(聖杯)로 꼽힌다.

중력은 뭔가 특이한 성질 때문에 다른 힘과 같은 방식으로 이해할 수 없다. 중력을 설명하기 위한 아이디어는 많이 나와 있다. 끈 이론도 그중 하나다. 끈 이론은 우주가 진동하는 아주 작은 끈으로 이뤄져 있다고 생각한다. 끈 이론은 원자 세계의 중력 현상을 설명하는 양자 중력 이론에 가장 근접해 있다. 김석 교수도 끈 이론가다. 그는 양자 중력의 핵심 화두로서 블랙홀을 연구하고 있다.

호킹과 베켄스타인의 1970년대 블랙홀 연구 이후 물리학계의 이슈는 미시적인 방법을 동원해 블랙홀의 열 물리학을 이해할 수 있는가였다. 1990년대 중반 돌파구가 마련됐다. 1996년 하버드 대학교 물리학자 스트로밍거와 배파가 매우 특수한 종류의 블랙홀을 미시적으로 이해하는 데 성공했다. 양자 역학과 통계 역학의 기본 법칙을 이용해 블랙홀의 열역학을 정확하게 규명했다. 블랙홀이 가진 양자 역학적 계의 수를 세고 그 수가 그 블랙홀의 사건의 지평면 면적과 정확히 비례한다는 것을 정량적으로 확인했다.

김석 교수는 서울 대학교 물리학과 95학번으로 2004년 서울 대학교 대학원에서 박사 학위를 받았다. 그의 연구는 베켄스타인, 호킹, 스트로밍거, 배파라는 앞 세대 연구자의 성과에서 시작된다. 또 후안 말다세나(Juan Maldacena)라는 뛰어난 끈 이론가의 홀로그램 양자 중력 연구를 기초로 한다. 김석 교수는 그간 블랙홀 양자 중력 연구를 이렇게 말했다. "지난 20년간 블랙홀을 양자 역학과 통계 역학을 써서 미시적으로 이해하려는 일이 어마어마하게 많았다. 박사 학위를 받고 박사 후 연구원으로 근무하던 고등 과학원에서 블랙홀 관련 논문을 몇 편 썼다. 하지만 당시에는 한계가 있었다. 양자 역학적인 기술법이 충분히 개발되어 있지 않았다. 아이디어가 몇 개 없었다. 그러다가 나는 2018년 초 연구를 다시 시작했다. 같은 해 10월부터 연구 결과를 내놓았다. 앞으로 계속 결과가 나올 것이다."

이론적으로 보면 블랙홀은 다양할 수 있다. 크기 외에 다른 것은 무엇이 있을까? 김석 교수는 "사건 지평면이 하나인, 즉 중심이 하나인 블랙홀도 있고, 중심이 여러 개인 블랙홀이 있을 수 있다."라고 설명했다. 김석 교수는 다양한 블랙홀을 한 가지 기술법으로, 체계적으로 표현하고 싶다고 말했다. 지금은 각 블랙홀을 두서없이 양자 역학적으로 기술하고 있는 상황이다. 하나의 일관된 방법으로 기술하지 못하고 있다. 다양한 블랙홀은 서로 다른 열역학적 상태에 있고, 이때 매우 중요한 이슈 중 하나는 블랙홀 상태 사이의 상전이다.

"재미있는 블랙홀 상전이가 있다." 블랙홀에 상전이가 있다는 말이 낯설다. 김석 교수는 자신의 연구를 예로 들어 설명했다. 1997년 말다세나가 제안한 양자 역학의 홀로그래피 원리(holographic principle)를 먼저 소개했다. "말다세나 선생이 혁신적인 제안을 했다. 끈 이론은 양자 중력 현상을 기술한다. 하지만 평평한 시공간 근방의 약한 중력을 잘 기술할 뿐 블랙홀처럼 중력이 극단적으로 강한 상황을 체계적으로 연구할 수 있는 방법론은 없었다. 말다세나 선생의 아이디어는 특정한 배경에서는 양자 중력 현상을 미시적으로 완벽하게 설명할 수 있다는 것이다."

김석 교수 연구와 블랙홀 중력 이론 설명이 깊이 들어간다는 느낌이 들었다. 드 지터 시공간(de Sitter spacetime)이라는 것이 있다. 우리 우주는 시간이 지날수록 빠른 속도로 팽창하고 있다. 이런 우주 공간이 드 지터 공간이다. 20세기 초반 네덜란드 물리학자 빌럼 드 지터(Willem de Sitter)가 찾아냈다. 드 지터 공간 말고 반(反) 드 지터 공간(anti-de Sitter, AdS)이라고 있다. "AdS 공간은 양자 중력을 연구할 때 훌륭한 사고 실험의 장을 제공한다. AdS 시공간에서 양자 중력을 정의하는 법을 말다세나 선생이 알아냈다."

AdS 공간에서는 모든 물질, 심지어 블랙홀조차도 중력 때문에 박스와 같은 공간에 몰려 있다. 그래서 중력 현상을 연구하는 데 이상적이다. 상자와 같은 AdS 시공간에는 경계면이 있다. 말다세나는 이 경계면, 다시 말해 중력의 경계면의 양자 역학계를 연구했다. 그리고 경계면을 잘 보면, 경계면 안쪽의 공간에서 일어나는 중력 현상을 이해할 수 있다는 것을 알아냈다. 예컨대 공간 크기가 3차원이라면, 경계면은 2차원이다. 그러니 말다세나에 따르면, 2차원 세계를 잘 보면 3차원 공간의 중력 현상을 알아낼 수 있다. 말다세나의 홀로그래피 원리가 바로 이것이다. 홀로그램은 3차원 물체의 정보가 2차원에 들어가 있다. 실제로는 2차원인데 우리 눈에 3차원인 것처럼 보인다.

말다세나 연구 이후 경계면 상의 블랙홀 연구가 체계적으로 이뤄졌다. AdS 시공간의 경계면에 정의된 양자 역학적인 방법을 통해 그 안의 모든 블랙홀을 체계적으로 이해해 보자는 게 당시 학계의 문제의식이었다. 그러나 정량적으로 연구하기 힘들었다. "강한 상호 작용이라는 이슈가 있어 양자 중력은 풀기 힘들다. 강한 상호 작용을 하는 계에서 정확히 풀어야 하는데 그렇게 하려면 기술과 직관이 필요했다. 그러나 당시에는 그게 없었다."

김석 교수의 말은 이 대목에서 또 어려웠다. 말을 그대로 옮겨 본다. "강한 상호 작용, 즉 강력을 미시적으로 이해하는 게 지금까지는 해석적으로 되지 않는다. 손으로 계산할 정도의 복잡도를 넘어서니, 컴퓨터를 써서 계산해야 한다. 강한 상호 작용을 보기 위해서는 여러 가지 기법이 추가로 필요하다. 경계면 위의 강한 상호 작용을 탐구하면 그 내부의 중력 현상을 들여다볼 수 있다. 그렇다고 중력 자체가 강한 상호 작용을 한다는 건 아니다."

김석 교수는 고등 과학원에서 연구원으로 일하던 시기 이후 블랙홀 연구를 손에서 내려놓고, 강한 상호 작용 기술법을 연구했다. 2018년 초 그는 블랙홀을 다시 들여다볼 준비가 되었다고 생각했다. 강력 관련 연구 성과가 쌓였고, 몇 가지 아이디어가 떠올라 블랙홀에 적용할 수 있었다.

"가장 간단한 군(group)들의 블랙홀이 있다. 초대칭 블랙홀이라고 한다. 특정한 대칭성을 가진 블랙홀은 그 대칭성을 이용해서 강한 상호 작용 영역에서 계산할 수 있다. 그 결과 블랙홀의 놀라운 상전이를 발견했다."

물의 온도를 올렸다 내렸다 하면 기체와 고체로 변하는 상전이를 일으킬 수 있다. 블랙홀도 마찬가지다. 특정한 계에 들어 있는 입자 개수와 전하량은 물의 온도와 같은 열역학 변수를 수반하는데, 이를 화학 퍼텐셜이라고 한다. 김석 교수는 화학 퍼텐셜을 조절하면서 정량적으로 블랙홀을 연구했다. 그 결과 경계면 위 양자 역학에서 어떤 때는 블랙홀이 있고, 어떤 때는 블랙홀이 없는지 알아냈다. 즉 양자 임계 현상이 일어나는 기준을 알아냈다. 그것은 경계면 상의 양자 역학에 포함되는 쿼크와 글루온의 상태를 보는 것이었다. 쿼크와 글루온? 쿼크와 쿼크가 글루온을 주고받으며 서로를 느끼는 게 강한 상호 작용이다. 김석 교수는 '쿼크와 글루온의 상태'와 '블랙홀 열역학'이 연결되어 있다고 말하고 있다. 잘 이해할 수 없으나, 매우 흥미롭게 들린다.

논문은 2018년 10월에 2편, 11월에 1편을 썼다. "시공간에서 블랙홀을 홀로그래피 원리를 통해 정량적으로 이해하는 게 정체된 상태였다. 이런 상황에 돌파구를 마련했다고 생각한다. 블랙홀 상전이를 정확히 이해할 수 있고, 물성을 규명했다."

김석 교수는 "끈 이론 학계는 내 논문을 중요하다고 받아들이고 있다. 끈 이론에 대해서는 비판적인 시각이 물리학계에 있는 것도 사실이다. 하지만 양자 중력 및 블랙홀의 수수께끼를 규명하기 위해 끈 이론은 매우 유용한 도구다."라고 말했다.

95학번인 그는 서른두 살인 2009년 서울 대학교 교수가 됐다. 이른 나이다. 그는 자신보다 더 젊은 나이에 물리학과 교수가 된 분도 있다며 30대 초반의 서울 대학교 교수 임용이 그렇게 대단하지 않다는 식으로 이야기했다. 출신 고등학교를 물어보니 연구실 창밖을 가리키며 저 산 너머에 학교가 있다고 했다. 서울 관악구 광신 고등학교다. "고등학생 시절 물리 선생님 때문에 물리학과에 진학했다. 선생님은 본인이 모르면 '모른다. 같이 생각해 보자.'라고 이야기해 주셨다. 그런 게 좋았다." 최명현 선생님이라고 했다. 김석 교수의 블랙홀 열역학과 양자 중력 이야기는 따라가기 쉽지 않았다. 힘들었던 만큼 새롭게 배운 것도 많았다. 호킹 복사에서 시작한 블랙홀 열역학 연구가 후안 말다세나의 홀로그램 양자 중력 연구와 어떻게 이어지는지를 이해할 수 있었다.

23장 중력파로 암흑 물질 찾는다

정성훈

서울 대학교 물리 천문학부 교수

정성훈 교수의 연구실 책장에는 빈자리가 많이 보였다. 그의 연구실은 서울 대학교 자연 과학 대학 56동 509호실이다. 서울 대학교 교수로 부임한 지 수년밖에 지나지 않아서 그런가 생각했다. 영어로 된 물리학 책들 속에서 낯익은 한글 책이 보였다. 『코스모스(Cosmos)』다. 미국 천문학자 칼 세이건(Carl Sagan)이 1980년에 펴낸 책이다. 정성훈 교수는 중학교 때 친구 집에서 『코스모스』를 보았다. 재밌게 읽었다. 이 책 때문에 물리학자가 되었다. 정성훈 교수가 책장에서 책을 꺼내어 보여 주는데, 학원사가 낸 1997년 판이었다. 요즘 서점에서 팔리는 『코스모스』와는 출판사도 번역자도 달랐다.

『코스모스』를 읽으면 천문학자가 되었을 것 같은데 입자 물리학자가 된 이유는 무엇일까? 정성훈 교수는 "경남 과학 고등학교를 2년 만에 졸업하고 2002년 포항 공과 대학교에 진학했다. 그곳에서 천문학과 가장 가까운 물리학과를 갔다."라며 웃음을 지었다.

정성훈 교수는 입자 물리학 현상론을 연구한다. 우주는 무엇으로 만들어졌는지, 초기 우주의 모습은 어땠는지가 관심 분야다. 입자 물리학자가 즐겨 사용하는 연구 도구는 입자 가속기다. 유명했던 입자 가속기에는 미국 시카고 외곽의 페르미 연구소가 운영하던 테바트론이 있다. 지금은 스위스 제네바 CERN의 LHC가 최고다.

정성훈 교수는 입자 물리학을 위한 도구로 가속기 외에 중력파 (gravitational wave)를 사용하고 싶어 한다. 지금까지는 중력파를, 상대성 이론을 확증하고 블랙홀이나 중성자별의 특성을 이해하는 천문학적 도구로 생각했다. 하지만 그는 중력파의 특성을 이용해 입자 물리학의 프런티어를 개척하고자 한다.

초기 우주의 잔재는 138억 년이 지난 지금 거의 남아 있지 않다. 실험실에서 재현하기도 힘들다. 그렇기 때문에 초기 우주의 모습을 엿볼 수 있는 작은 단서도 소중하다. 정성훈 교수는 가능한 모든 방법을 동원해 그런 단서를 찾고자 한다. LHC는 아주 높은 입자 간 충돌 에너지로 초기 우주에서 일어난 일을 재현하고 있으나 2012년 힉스 입자 발견 이후 새로운 입자를 발견하지 못하고 있다. 반면 중력파는 초기 우주의 모습을 담고 있어 우주를 볼 수 있는 소중한 '눈'이 될 수 있다. 중력파는 초기 우주나 아주 먼 우주에서 발생해 광활한 우주를 거쳐 우리에게 온다. 정성훈 교수는 "중력파로 초기 우주를 엿볼 수 있어 이를 이용해 입자 현상론과 우주론 분야에서 무궁무진한 가능성을 발견하려고 한다."라고 말했다.

중력파는 천체와 천체가 서로의 주변을 돌다가 충돌할 때 만들어진다. LIGO(Laser Interferometer Gravitational-Wave Observatory, 레이저 간섭계 중력파 관측소. '라이고'라고 읽는다.)는 2015년 9월 14일 중력파를 처음으로 확인했다. 당시 중력파는 태양계에서 13억 광년 떨어진 지점에서 블랙홀 2개가 충돌하고 하나로 합쳐지면서 생겨난 것이었다. 미국 워싱턴 주 핸퍼드와 루이지애나 주 리빙스턴에 있는 중력파 검출기가 각각 독특한 패턴으로 흔들렸다. 그 신호는 기다리고 있던 실험 물리학자의 손에 곧바로 포획되었다. 중력파 검출은 물리학 역사에서 큰 사건이었다. LIGO를 기획한 물리학자 킵 손(Kip Thorne), 라이너 와이스(Rainer Weiss), 배리 배리시(Barry Barish)는 그 공로로 2017년 노벨 물리학상을 받았다.

블랙홀과 블랙홀 충돌에서 발생한 중력파는 지축을 10^{-19}미터 정도 흔들었다. 지극히 약한 진동이다. 사람이 땅을 발로 쾅 하고 디딜 때보다 작은 흔들림이라고 정성훈 교수는 말했다. 물리학자가 LIGO 신호를 즉각 알아볼 수 있었던 것은 중력파의 독특한 패턴 때문이었다. 이 패턴은 영어로는 chirping이라고 한다. 우리말로는 '짹짹거리기'라고 옮길 수 있다. 두 천체가 충돌을 위해 접근하는 충돌 초기에는 세기가 약한 저주파이고, 충돌이 임박해 두 별의 회전 속도가 빨라지면 강한 고주파로 변한다. LIGO가 중력파를 감지할 수 있는 시간은 1초에서 1분 정도다. 중력파는 충돌이 완성되는 마지막 순간의 소리다.

정성훈 교수는 LIGO가 듣는 중력파 소리를 흉내 내 들려주었다. "우~윗, 우~윗." LIGO 홈페이지에도 중력파 소리가 올라와 있다. 나는 그 소리를 듣고 감탄했다. 시공간의 출렁임이 만들어 내는 소리를 들을 수 있다니. 믿을 수 없었다. 중력파는 우리가 귀로 들을 수 있는 가청 주파수 대역이다.

중력파 검출은 무엇보다도 아인슈타인의 일반 상대성 이론이 옳았다는 것을 확인했다. 천문학적 측면에서는 가벼운 블랙홀을 처음 확인했다는 의미가 있다. LIGO가 처음 검출한 중력파를 만든 두 블랙홀의 질량은 태양의 29배, 36배밖에 되지 않는다.

LIGO는 2015년 이후 2020년 3월까지 천체 충돌로 발생한 중력파를 66회 관측했다. 후보 신호를 포함한 수치다. 그중 중성자별과 중성자별이 충돌해서 나온 중력파가 있다. 중성자별은 천체가 온통 중성자로 만들어졌다. 양성자가 없다. 기괴하다. 또 질량은 태양과 비슷한데 지름은 수십 킬로미터 크기밖에 안 된다. 태양 지름은 140만 킬로미터다. 마치 코끼리 5000만 마리를 바느질 골무 크기 안에 몽땅 욱여넣은 것과 같다.

두 중성자별이 충돌할 때 중력파 외에 빛이 나오는 경우가 있다. 이 때문에 중성자별끼리의 충돌은 조금 특별하다. 정성훈 교수는 "중력파는 우주가 138억 년 동안 어떤 팽창의 역사를 겪었는지 말해 준다. 또 빛을 통해 우주의 전체 팽창량을 알 수 있다."라고 말했다.

정성훈 교수는 2018년 말 한국 중력파 연구 협력단에 합류했다. 한국 중력파 연구 협력단에는 천문학자가 많다. 입자 물리학자인 정성훈 교수는 천문학 분야에 입자 물리학의 아이디어를 접목해 새로운 연구 방향과 아이디어를 제시하기 위해서 들어갔다. 내가 연구실로 찾아간 2019년 1월의 바로 전주에 그는 3일간 제주도에서 열린 한국 중력파 연구 협력단 워크숍에 참여했다고 했다.

"중력파는 우주의 몰랐던 면을 볼 수 있는 새로운 눈이다. 중력파를 입자 물리학의 도구로 사용하면 암흑 물질을 볼 수 있을지 모른다." 암흑 물질은 입자 물리학자가 그 정체를 알아내기 위해 부심하고 있는 미지의 존재다. 또 다른 미스터리인 암흑 에너지는 존재 여부 자체가 논란이다. 입자 물리학계는 암흑 물질의 실체를 알아내기 위해 여러 아이디어를 내놓고 있다. 암흑 물질은 빛과 아주 약하게 상호 작용을 하는 것으로 알려져 있다.

정성훈 교수는 지난 2~3년 동안 크게 두 가지 중력파 연구를 했다. 중력파로 암흑 물질을 어떻게 찾을 수 있는지, 그리고 다른 하나는 중력파가 어느 방향에서 오는지를 확인하는 방법이다. 첫 번째 연구에서 그는 암흑 물질에 의한 '중력파 간섭 무늬(gravitational-wave fringe)'라고 스스로 명명한 중력파의 특징에 주목한다. 정성훈 교수와 만난 날 그가 쓴 논문이 《피지컬 리뷰 레터스》에 실렸다. 이 학술지에 논문이 실리는 일은 이론 입자 물리학자에게 큰 명예다. 논문 출판 이후 《아르스 테크니카(Ars Technica)》와 같은 몇몇 대중 과학 잡지에서 정성훈 교수의 중력파 간섭 무늬를 소개하는 글을 게재했다.

정성훈 교수가 의자에서 일어났다. 연구실 벽면에 걸린 칠판에 다가가 그림을 그렸다. 한쪽에는 중력파를 만들어 내는 천체를, 다른 쪽에는 지구에 있는 관측자를 그렸다.

두 블랙홀이 충돌해서 생긴 중력파가 관측자를 향해서 온다. 중력파의 출발지와 지구 관측자 사이에서 뭔가 흥미로운 일이 일어난다. 그 사이에 있는 것은 암흑 별(dark star), 혹은 우주 끈(cosmic string), 혹은 블랙홀일 수 있다. 암흑 별은 암흑 물질로 만들어진 별이다. 우주 끈은 무엇일까? 정성훈 교수는 빅뱅 후 우주가 차가워지는 과정에서 일어나는 상전이의 잔재가 우주 끈이라고 했다. 물이 얼면 얼음이 되듯이 우주가 차가워지면서 생긴 것으로 추정되는 독특한 구조물이다.

암흑 물질 후보들이 특정 공간에 몰려 있으면 질량이 어마어마하게 클 것이다. 중력파는 막대한 질량을 가진 우주 구조물을 만나면 휜다. 질량이 시공간을 뒤틀기 때문이다. 시공간을 지나면서 빛이 휘게 되는 현상을 중력 렌즈(gravitational lens) 효과라고 한다. 중력 렌즈 효과는 아인슈타인이 일반 상대성 이론에서 예측됐다. 중력 렌즈 효과에 따라 하나의 천체에서 출발한 빛이 멀리 떨어진 지구에서 여러 조각으로 나뉘어 보인다. 중력파의 경우 조금 다르다. 휘어지고 갈라지다 보니 지구에 도달하는 시간이 차이가 난다. 정성훈 교수는 2개의 중력파가 시간차를 두고 도달할 것이라는 점에서 착안해 이 경우 중력파 간섭 무늬가 있어야 한다는 것을 생각해 냈다.

2개로 갈라진 중력파는 시차를 두고 지구의 검출기에 도달한다. 그러나 LIGO는 두 중력파가 중첩된 파형 하나만을 감지한다. 도착 시간 차이는 0.0001~0.1초 정도이고, 이것이 복잡한 간섭 무늬를 만든다. 중력파도 파동이기에 한 지점에 여러 개가 도착하면 간섭 현상이 일어난다. 파동들이 합해지면서 합해진 파동의 진폭이 작아지거나 커진다. 커지는 것을 보강 간섭이라고 하고, 작아지는 것을 상쇄

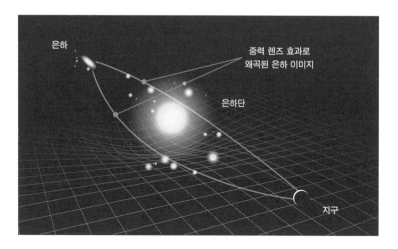

은하에서 출발한 빛이 지구로 도달하기까지 과정을 그린 개념도이다. 빛은 거대한 질량의 천체가 뒤튼 시공간을 따라 휘어져서 지구에 도착한다.

간섭이라고 한다. 합쳐진 두 파형을 분리하면 중력파가 우주를 지나오면서 보았던 암흑 물질의 존재를 확인할 수 있다.

두 번째 중력파 연구는 중력파가 어디에서 오는지 그 방향을 찾는 것이다. 이 연구 결과는 2018년 1월 학술지 《피지컬 리뷰 D》에 나왔다. 중력파가 어느 방향에서 오는지 알아야 암흑 물질의 위치와 중력파를 만든 천체들 위치도 알 수 있다. 이 연구는 그가 서울 대학교 부임 전에 일했던 미국 스탠퍼드 대학교에서 했다. 스탠퍼드 대학교의 뛰어난 입자 현상론 연구가 피터 그레이엄(Peter Graham) 교수와 함께했다. 논문은 서울 대학교로 온 뒤 완성했다.

중력파의 근원을 찾는 작업은 지진의 진원을 찾는 것이나 GPS가 작동하는 원리와 비슷하다. 진원은 지진파 3개를 추적하면 알 수 있다. 중력파를 추적할 수 있다는 아이디어는 지구가 태양 주변을 공전한다는 데에서 출발했다. 지구에서 태양까지의 거리가 약 1억 5000만 킬로미터이고, 지구가 태양을 공전하면서 시기에 따라 다른 지점에 있게 된다. 다른 위치에서 중력파를 각기 관측해 보자는 것이다. 이 결과를 조합하면 중력파가 검출기에 도착한 시간 차이와 파장 변화를 바탕으로, 중력파가 어디서 오는지 확인할 수 있다. 지구의 중력파 검출기는 서로 수천 킬로미터 떨어진 지점에 설치되어 있다. (미국에 있는 2개의 LIGO 실험 시설도 미국 서북부(워싱턴 주 핸퍼드)와 남부(루이지애나 주 리빙스턴)로 멀리 떨어진 곳에 두었고, 유럽 중력파 관측소가 운영하는 중력파 검출기 VIRGO는 이탈리아 피사 인근에 있다.) LIGO 실험의 중력파 검출기 2대와 VIRGO 실험

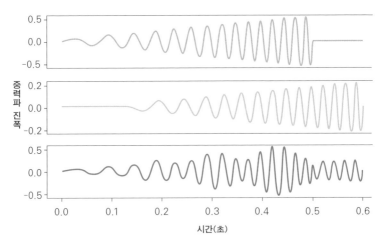

세 가지 중력파. 맨 위는 천체 간 충돌로 만들어진 중력파의 원형이다. 두 번째 파형은 첫 번째 파형이 거대한 암흑 물질 천체 인근을 지나면서 휘어져, 첫 번째 파형보다 뒤늦게 지구에 도착한 것이다. 세 번째 파형은 LIGO가 검출한 것이다. 첫 번째와 두 번째 파형이 서로 간섭 효과를 일으킨 흔적이 뚜렷하다.

최준석의 과학 열전 1 물리 열전 상

의 검출기 1대가 각기 얻은 데이터를 비교한다. 하지만 지구 공전 궤도 위의 여러 곳에서 중력파를 관측하면 이보다 정확도가 훨씬 올라갈 것으로 기대된다.

이 실험이 가능해지려면 중력파 검출기가 검출해 낼 수 있는 주파수 영역이 확대되어야 한다. LIGO는 현재 10~1,000헤르츠 주파수에서 검출 능력을 가지고 있다. 앞으로는 이보다 더 낮은 주파수, 즉 0.01~10헤르츠 중력파를 검출할 수 있어야 한다. 가청 주파수대를 넓혀야 한다. 그러면 현재보다 중력파를 검출할 수 있는 시간이 크게 확장된다. 지금은 블랙홀 2개가 1초에 10바퀴 이상 빠르게 서로 회전하는 시간대에서만 중력파를 들을 수 있다. 차세대 저주파 중력파 검출기는 블랙홀들이 서로 한 바퀴 도는 데 100초가 걸릴 때부터, 즉 천천히 회전할 때부터 중력파를 검출하게 된다. 충돌하는 두 별은 처음에는 서로 천천히 회전하다가 시간이 지나면서 빨리 회전한다. 즉 차세대 저주파 검출기는 두 천체가 충돌해서 하나로 합쳐지기 한참 이전부터 중력파를 검출할 수 있게 된다.

위치가 다른 지점에서 검출한 중력파를 비교하기 위해서 중력파를 검출할 수 있는 기간이 몇 달은 지속되어야 한다. 이 방법은 삼각측정법(triangulation) 혹은 도플러 효과(Doppler effect)라고도 불리는 간단한 물리학을 이용한다. 이 방법은 몇 가지 기술적이고 역사적인 이유로 인해 중력파 위치 추적을 위한 수단으로 잘 알려지지 않았다. 그래서 0.01~10헤르츠대 관측도 다른 주파수 영역보다 주목받지 못했다. 하지만 정성훈 교수를 비롯한 몇몇 연구의 논문을 계기로 이런 주파수 대역 관측도 힘을 받는 분위기다.

정성훈 교수는 차세대 저주파 중력파 검출기로 할 수 있는 일을 제안하고, 또 그 검출기 개발에 참여했다. 스탠퍼드 대학교에서 원자 광학을 이용해 개발한 '원자 간섭계(atom interferometer)'도 그 일환이다. 원자 간섭계는 서로 다른 운동 에너지를 가진 원자 2개를 자유 낙하시킨다. 두 원자는 에너지가 다르기에 낙하할 때 상대성 이론에 따라 시간차가 발생한다. 이 메커니즘을 통해 지구의 중력 가속도 값(9.8m/sec²)을 정확히 측정한다. 중력 가속도를 정확히 느끼는 이 장치에 중력파가 지나가면 원자 간섭계가 측정하는 중력 가속도가 살짝 변한다. 지구 중력 가속도의 10^{-22}만큼 바뀐다. 10^{-22}가 지금까지 관측된 가장 센 중력파의 세기 정도이며, 더 약한 것도 많다. 원자 간섭계는 스탠퍼드 대학교가 개발해 페르미 연구소에 설치 중이다. 기술적 검증을 위한 시제품이다. 정성훈 교수는 입자 물리학을 하기 위해 고체 물리학, 천문학 등 다양한 분야를 접목해 상상력을 발휘해 보고 있다며 웃음을 지었다.

정성훈 교수의 설명은 비교적 알아듣기 쉬웠다. 그는 흥에 겨워 자신의 연구를 설명했다. "물리학 이야기를 하는 게 즐겁다."라고 했다. 나는 연구실을 나서기 전에 "물리학자로서 모르는 것이 무엇인가, 알고 싶은 것은 무엇인가?"라고 물었다. 2시간 가까이 만나고서 이런 질문을 다시 하는 것은 엉뚱하거나 어리석을 수도 있었다. 그는 구체적인 특정 데이터에 대한 궁금증을 드러내지 않았다. 대신 정성훈 교수는 "내 말이 철학적일 수도 있다."라면서 "자연은 왜 이리 복잡한

가? 하나의 방정식으로부터 이렇게 복잡한 현상을 만들어 낼 수 있는지가 궁금하다."라고 대답했다.

24장 정밀 힉스 물리학으로 새로운 길을 연다

박명훈

서울 과학 기술 대학교 기초 교육 학부 교수

2012년 7월 14일 스위스 제네바에 있는 CERN의 물리학자들은 입자들에 질량을 주는 힉스 입자를 발견했다고 발표했다. 사람들은 질량을 주는 입자라는 뜻을 몰라 어리둥절했다. 질량은 물질의 본성과 같은 것인데, 다른 무언가 부여한다고? 그것이 궁금했다. 이날 발표를 했던 물리학자 중 한 사람인 미국인 조지프 인칸델러(Joseph Incandela)는 "힉스 메커니즘(Higgs mechanism)이 있어야 입자는 질량을 갖는다. 힉스 메커니즘의 증거가 힉스 입자다."라고 설명했다.

서울 과학 기술 대학교의 박명훈 교수는 당시 CERN에서 일하고 있었다. 미국 플로리다 대학교에서 박사 학위를 받고, 대서양을 건너가 박사 후 연구원으로 연구하고 있었다. 서울 과학 기술 대학교 어의관 내 연구실로 찾아갔을 때 그는 CERN에서 2년 가까이 체류하던 중 가장 큰 사건이었던 힉스 입자 발견 이야기를 들려줬다.

박명훈 교수는 연구를 하다가 전날 밤 12시 마지막 노면 전차를

　　　24장 정밀 힉스 물리학으로 새로운 길을 연다

타고 제네바 시내의 아파트로 퇴근했다. 지금은 전북 대학교 교수로 일하는 박완일 박사가 힉스 발견 기자 회견이 다음날 열릴 강당에 미리 자리 잡고 있는 모습을 보았다. 박명훈 교수는 다음 날 아침 8시 여느 때와 다름없이 노면 전차를 타고 CERN이라고 쓰인 역에서 내렸다. 이 역에서 조금 더 가면 프랑스 국경이다. 출근을 하니 기자 회견장 앞에 사람들의 줄이 길어 회견장 안으로 들어갈 수가 없었다. 그래서 CERN 내 사무실이 있는 이론 물리학자를 위한 건물에 평소대로 들어갔고, 이 건물 4층에서 다른 사람들과 힉스 입자 발견 기자 회견을 지켜봤다.

힉스 입자 발견은 대단한 성과였다. 힉스 입자를 이론적으로 예측했던 피터 힉스, 프랑수아 앙글레르(Francois Englert)가 이듬해 노벨 물리학상을 받았다. 피터 힉스는 CERN이 LHC 실험을 통해 확인하기 48년 전인 1964년 힉스 메커니즘을 주장한 바 있다.

힉스 입자를 발견한 2012년으로부터 시간이 많이 지났다. 박 교수를 만난 것은 2019년이다. 나는 힉스 입자 발견으로 질량 관련 미스터리는 다 해결된 줄 알았다. 그런데 그렇지 않았다. 박명훈 교수는 "이제 첫발을 떼었을 뿐이다."라고 말했다. 힉스 입자를 정밀하게 이해해야 한다고 덧붙였다.

힉스 입자 발견은 CERN이 수조 원을 들여 LHC를 만든 두 가지 이유 중 하나다. 27킬로미터 원형 터널에 진공 상태의 튜브를 깔고, 그 튜브 안을 양성자들이 광속에 가까운 속도로 달리게 했다. 양성자들과 양성자들은 반대 방향에서 달려와 충돌한다. 2008년에 첫 번째 양성자 빔을 만들어 내는 데 성공했다. LHC는 가동 4년 만인 2012년 7월 힉스 입자를 발견했다. 이 발견은 유럽이 세계 입자 물리학과 핵물리학의 중심지임을 확인시켰다. 미국에는 LHC에 필적할 만한 강력한 입자 가속기가 없다.

힉스 입자 발견 이후 CERN의 물리학자들은 LHC의 두 번째 목표에 집중했다. 그들이 찾고자 한 입자 이름은 초대칭 입자다. 초대칭 입자는 새로운 물리학이 있음을 드러내는 증거다. 그 새로운 물리학의 이름은 초대칭 이론이다.

입자 물리학자는 20세기 초반부터 물질을 이루는 기본 입자가 무엇인지를 알아내기 위해 분투했다. 그 결과 입자 물리학의 표준 모형을 만들어 냈다. 표준 모형은 물질이 17개 기본 입자로 구성됐다고 말

표준 모형 입자와 초대칭 이론이 예상하는 초대칭 입자. 초대칭 이론은 표준 모형 너머의 물리학을 꿈꾸는 이론이다. 하지만 LHC에서는 초대칭 입자가 발견되지 않고 있다.

한다. 표준 모형의 마지막 퍼즐이 힉스 입자였다. 그런데 이 표준 모형도 완벽하지 않다. 가령, 표준 모형은 우주를 이루는 물질과 에너지의 5퍼센트밖에 설명하지 못한다. 우주에는 암흑 물질과 암흑 에너지라는 미지의 물질과 에너지가 있다고 물리학자와 천문학자는 보고 있다. 암흑 물질은 25퍼센트, 암흑 에너지는 70퍼센트를 차지한다. 한마디로 인류는 우주의 95퍼센트가 무엇으로 되어 있는지를 모른다. 표준 모형은 우주의 5퍼센트만 설명하는 모형이다.

그래서 물리학자는 표준 모형 너머에 있는 새로운 물리학을 찾고 있다. 새로운 물리학으로 가는 첫 문은 초대칭 입자로 생각해 왔다. 초대칭 입자는 초대칭 이론이 예측한 입자다. 일부 입자 물리학자들은 초대칭 입자가 있을 것으로 확신하면서, 이들에게 이름까지 다 붙여 놨다. 표준 모형에 들어 있는 입자 17개는 모두 초대칭 짝을 하나씩 갖는다. 그런데 LHC를 아무리 뒤져도 초대칭 입자가 있다는 실험 데이터가 나오지 않고 있다. 현재 분위기는 LHC에서 더 잘 찾아야 한다는 의견과 더 강력한 차세대 입자 충돌기를 만들어 그곳에서 찾아야 한다는 의견으로 나뉘고 있다. 초대칭 입자는 100~200기가전자볼트 에너지대에서 발견될 것이라고 예측되어 왔다.

초대칭 이론은 박명훈 교수의 선배 연구자들이 내놓았다. 박 교수는 학생일 때 교과서에서 이 이론들을 배웠다. 그런데 이 초대칭 이론의 증거가 LHC에서 나오지 않자, 초대칭 이론을 오래도록 가다듬어 온 물리학자들은 낙심이 크다. 일부 연구자는 입자 물리학은 끝났다며 우울증에 걸렸다고 한다.

박명훈 교수는 40대 중반의 젊은 물리학자다. 낙심한 선배 연구자들과는 달리 그에게서는 에너지가 느껴진다. 새로운 입자가 발견되지 않는 현재가 젊은 세대에게는 오히려 도전할 만한 상황으로 보이는가 보다. 입자 물리학은 춘추전국 시대를 맞이하고 있다.

박명훈 교수에게 "이론 입자 물리학자로서 모르고 있는 게 무엇인가? 신을 만나면 묻고 싶은 게 무엇인가?"라고 물었다. 그는 "새로운 물리학을 알리는 입자가 얼마의 에너지를 갖는지 묻고 싶다."라고 말했다. "그 에너지만 알려 주면 나머지는 우리가 꿰어 맞추겠다."라며 웃었다.

그는 "일단은 LHC를 쥐어짜야 한다. LHC 데이터를 정밀하게 들여다보고 새로운 물리학의 단서가 그 안에 숨어 있는지를 확인해야 한다."라고 말했다. 이런 입자 물리학의 연구를 '정밀 힉스 물리학(precision higgs physics)'이라고 한다. 박명훈 교수는 정밀 힉스 물리학 연구에 힘을 쏟고 있다. 그는 "힉스 입자의 속성을 잘 파악해야 한다."라며 "힉스 입자는 새로운 물리학으로 가는 등대."라고 말했다.

박명훈 교수는 입자 물리학자이고, 그중에서도 실험가가 아닌 이론가다. 이론가 중에서도 입자 현상론 연구자다. 현상론이란 말은 철학에서 들어 본 듯하다. 입자 현상론 연구자는 입자 충돌기 실험에서 확인할 수 있는 게 무엇일까를 생각하고 그것을 설명할 수 있는 이론을 만든다. 이 때문에 LHC와 같은 고에너지 실험 시설에서 활동하는 실험가와 긴밀하게 대화한다. 반면에 순수 이론 연구가는 당장에 실험으로 확인할 수 없다 할지라도 우주를 이루는 최소 조각이 무엇인지 설명하기 위해 무제한의 상상력을 발휘한다. 끈 이론이 대표적이다.

박명훈 교수를 만났을 때 사진 기자와 동행했다. 이론 입자 물리학자에게 장비가 있을 리 없다고 생각했다. 잘못된 생각이었다. 박명훈 교수에게 촬영 아이디어를 묻자, 클러스터 컴퓨터가 있다고 했다. 연구실과 같은 층 425호실에 가니 검은색의 캐비닛처럼 생긴 컴퓨터 시스템이 서 있었다. GPU 컴퓨터 등 9800만 원 하는 미국 델 컴퓨터의 장비가 전년도에 들어왔다. 취재 갔을 때 전문가가 클러스터 컴퓨터를 기존의 컴퓨터와 연결하는 작업을 하고 있었다. 장비는 한국 연구 재단이 지원했다. 모두 합하면 1억 5000만 원 상당의 첨단 시스템이었다.

박명훈 교수는 "제네바 LHC에서 일어나는 충돌 실험과 같은 실험을 컴퓨터 안에서 일으켜 본다. 가상 충돌 실험이다. 내가 생각하는 새로운 물리학 모형을 바탕으로, '몬테카를로 시뮬레이션'에 필요한 컴퓨터 예측 모형을 만든다. 그리고 가상 입자 충돌을 만들어 보고, 그 결과를 LHC 실험 데이터와 비교한다. 그것이 일치하면 표준 모형 너머의 새로운 물리학을 설명하는 모형이 될 수 있다."라고 설명했다.

박명훈 교수는 학부는 카이스트에서 물리학과 수학을 공부하고, 석사 때는 서울 대학교에서 수학을 공부했다. 박사 학위는 미국 플로리다 대학교에서 했다. 고등학교 시절 물리 교과에서 60점을 받았다. 그런데 물리학자가 되었다. 고등학교 때 물리 과목 점수가 낮았던 이유에 대해 "수식을 외우는 것이 한국 교육 방식이었던 탓이다. 더구나 미적분을 배우기도 전이었다."라고 말했다.

고등학생 시절 부친이 공석하의 『소설 이휘소』(1999년)라는 책을 사다 줘서 읽은 것이 물리학자의 길로 들어선 계기가 되었다. 이휘소는 페르미 연구소 이론 물리학 부장으로 일한 한국계 물리학자다. 입자 물리학자였으며 1978년 교통 사고로 숨졌다. 박명훈 교수는 이휘소 박사가 1977년 2월에 쓴 논문 사본을 보여 줬다. 제목은 「매우 높은 에너지에서의 약한 상호 작용: 힉스 보손 질량의 역할(Weak interactions at very high energies: The role of the Higgs-boson mass)」이었다.

"이휘소 박사가 힉스 입자 질량의 한계를 처음으로 알아냈다. 힉스 입자가 1테라전자볼트 아래의 에너지를 갖고 있을 거라고 주장했다. 매우 유명한 논문이다." 이휘소 박사는 당대 입자 물리학 연구의 최전선과 한복판에 우뚝 서 있었다. 자신보다 젊은 연구자의 뛰어난 연구를 알아보고 격려했다. 힉스 입자란 이름도 이휘소 박사가 지었다. 당시에는 젊었던 피터 힉스의 논문을 보고 "이거 재밌다. 이 입자에 이름을 붙여야겠다. 힉스 입자라고 하자."라고 말했다는 것.

박명훈 교수가 박사 학위 과정 때 공부한 플로리다 대학교 게인스빌 캠퍼스는 미국에서 명성이 높지 않았다. 그런데 그가 유학을 떠날 시점에 이 대학은 물리학과를 육성하기로 하고 명성 있는 교수들을 스카우트했다. 초대칭 이론의 아버지라고 불리는 피에르 라몽, 끈 이론 대가인 찰스 손(Charles Thorn), 암흑 물질 액시온 연구로 유명한 피에르 시키비, QCD 권위자 릭 필드(Rick Field), 그리고 박명훈 교수의 논문 지도 교수가 될 콘스탄틴 마트체프(Konstantin Matchev)가 합류했다. 마트체프는 입자 충돌기를 갖고 연구하는 입자 현상론 분야의 떠오르는 태양이라는 말을 듣고 있었다. 마트체프의 지도를 받으며 그 역시 LHC 기반 입자 현상론 연구자가 되는 길을 걸었다. 그리고 2011년 박사 학위 논문을 쓰고, 한국과 CERN 간의 협력 프로그램으로 CERN이 있는 제네바로 연구하러 떠났다. 도쿄에서 한 차례 더 박사 후 연구원으로 일했다. 이후 포항 공과 대학교 아시아 태평양 이론 물리 센터(APCTP), IBS 이론 물리 연구단에서 일했다. 서울 과학 기술 대학교 교수로 부임한 때는 2017년 8월이다.

"힉스 메커니즘을 본 게 아니라 현상을 본 것에 불과하다. 힉스 입자 뒤에서 조정하는 게 무엇인지 알아야 한다. 그러기 위해서는 공부를 아주 많이 해야 한다."

힉스와 관련해 그의 관심사를 구체적으로 들려 달라고 했다. ① 힉스 입자는 단일 입자일까, 복합 입자일까? ② 힉스 입자 퍼텐셜은 왜 멕시코 모자 모양일까? ③ 톱 쿼크는 질량이 왜 무거울까? ④ 유카와 상호 작용에 따른 결합 상수는 왜 입자마다 다를까? 질문은 모두 전문가 영역의 문제로 들렸다.

힉스 입자가 단일 입자가 아닐 수 있다는 이야기는 알 듯 말 듯 했다. 2012년 CERN이 힉스 입자를 검출했다고 했을 때 힉스가 외톨이인지, 외톨이가 아닌지 하는 이야기는 들어 본 기억이 없다. 박명훈 교수는 표준 모형의 기본 입자 17개 중 힉스 입자는 유일하게 스핀이 0이라고 했다. 스핀은 입자의 양자 상태를 가리키는 물리량 중 하나다. 표준 모형의 입자 2개를 합해 만들어지는 파이온과 같은 복합 입자는 스핀이 0임을 알고 있다. 그래서 입자 물리학계는 힉스 입자 역시 스핀이 0이기 때문에 단일 입자가 아닌 복합 입자가 아닐까 의심하고 있다. "입자 충돌기의 에너지를 더 높이고, 힉스 입자를 깨 보면 힉스 입자가 단일 입자인지, 복합 입자인지 알 수 있다. 이게 확인된다면 새로운 물리학이 있음을 알 수 있을 것이다."

또 힉스 입자 연구는 암흑 물질에 관한 이해를 새롭게 하는 돌파구를 열 수 있다. 힉스 입자가 암흑 물질 2개로 붕괴할 수 있다는 것이다. 힉스 입자에서 암흑 물질이 만들어질 수 있다는 말이 솔깃했다. 박명훈 교수는 암흑 물질 힉스와 보통 물질 힉스가 상호 작용할 것이라고 생각한다. 내용이 어려워서 머리가 아팠다. 하지만 정밀 힉스 물리학 연구가 새로운 물리학으로 가는 길을 열 수 있겠다는 것은 이해할 수 있었다.

박명훈 교수는 클러스터 컴퓨터를 새로 들여오면서 딥 러닝(deep learning, 심층 학습)을 이용한 연구를 시작했다. LHC에서 나오는 실험 데이터는 상상을 초월하는 양이다. 이 데이터에서 의미가 없는 배경 잡음을 제거하고, 의미가 있는 신호를 찾아내는 데 딥 러닝이 도움이된다. 효과적으로 배경 사건을 죽일 수 있다면 이는 실험 입자 물리학자에게 낭보(郞報)다. 만들어진 입자 4개 중 2개가 보이지 않을 경우, 입자들의 질량을 측정하는 방법이 박명훈 교수가 쓴 논문이다. 암흑 물질이 질량을 갖는 것을 가속기에서 확인하는 방법에 관한 논문을 2018년에 썼다. 박명훈 교수는 "카이스트에 진학할 때는 LHC가 있는지도 몰랐다."라며 웃었다. 3시간 넘는 취재를 마치고 그의 차를 얻어 타 캠퍼스를 빠져나왔다. 젊은 물리학자의 설명은 따라잡기 힘들었으나, 물리학의 최전선 풍경을 본 것은 확실했다.

더 읽을거리

1장 한국 최초 암흑 물질 실험을 만들다

H. S. Lee et al. (KIMS Collaboration), "Search for low-mass dark matter with CsI(Tl) crystal detectors", *Physical Review D*, 90, 052006, (2014).

Alenkov, V., Bae, H. W., Beyer, J. et al. "First results from the AMoRE-Pilot neutrinoless double beta decay experiment". *The European Physical Journal C*, 79, 791 (2019).

오영환, 「서울대, 대학 간 벽 허물었다/타대 출신 교수 "입성"」, 《중앙일보》, 1992년 2월 8일.

2장 윔프 찾아 양양 지하 발전소로 내려가다

Kims Collaboration, Hyun Su Lee, "First limit on WIMP cross section with low background CsI(Tl) crystal detector", *Physics Letters B*, 633: 201-208 (2006).

H. S. Lee et al, "Limits on interactions between weakly interacting massive particles and nucleons obtained with CsI (Tl) crystal detectors", *Physical Review Letters*, 99(9):091301 (2007).

이강영, 『LHC, 현대 물리학의 최전선』(사이언스북스, 2014년).

스티븐 와인버그, 이종필 옮김, 『최종 이론의 꿈 : 자연의 최종 법칙을 찾아서』(사이언스북스, 2007년).

IBS, 「IBS 지하실험연구단, 암흑 물질 후보 검증 반환점 돌았다」, 《IBS 보도자료》, 2019

년 7월 22일. https://www.ibs.re.kr/cop/bbs/BBSMSTR_000000000511/selectBoard
Article.do?nttId=17444&pageIndex=1&mno=sitemap_02&searchCnd=&searchW
rd=.

3장 암흑물질의 양대 후보, 액시온을 찾아라
김제완, 「김진의 교수와 보이지않는 액시온」, 《사이언스 타임스》, 2016년 9월 20일.
Jihn E. Kim, "Weak-Interaction Singlet and Strong CP Invariance", Physical Review.
  Letters. 43, 103 (1979).

4장 암흑물질을 찾을 방법은 많다
Doojin Kim, Jong-Chul Park, Kin Chung Fong, Gil-Ho Lee, "Detecting keV-Range
  Super-Light Dark Matter Using Graphene Josephson Junction", *Physics arXiv*,
  (2020).
Kim, D., Machado, P. A., Park, JC. et al., "Optimizing energetic light dark matter searches
  in dark matter and neutrino experiments", *Journal of High Energy Physics*, 2020,
  57. (2020).

5장 웜프, 액시온, 심프? 진짜 암흑물질은 무엇일까?
H. M. Lee, "Exothermic dark matter for XENON1T excess", *Journal of High Energy
  Physics*, 019 (2021).
Hyun Min Lee, Min-Seok Seo, "Communication with SIMP dark mesons via Z'-portal",
  Physics Letters B, Volume 748: 316 (2015).
리처드 파넥, 김혜원 옮김, 『4퍼센트 우주』(시공사, 2013년).
리사 랜들, 김명남 옮김, 『암흑 물질과 공룡 : 우주를 지배하는 제5의 힘』(사이언스북스,
  2016년).
이재원, 『우주의 빈자리, 암흑 물질과 암흑 에너지』(컬처룩, 2017년).

6장 입자물리학의 세 가지 최전선
Taeil Hur, P. Ko, "Scale invariant extension of the standard model with a strongly
  interacting hidden sector", *Physical Review Letters*, 106, 141802 (2011).
Seungwon Baek, P. Ko, Wan-Il Park, "Invisible Higgs Decay Width vs. Dark Matter

Direct Detection Cross Section in Higgs Portal Dark Matter Models", *Physical Review D*, 90(5): 055014 (2014).

고병원, 「특집 고등 과학원: 입자물리그룹」, 《물리학과 첨단기술》, 16권 5호 5-9, 2007년.

7장 차세대 입자 충돌기, 꼭 만들어야 한다

The CDF Collaboration, "Precision Top-Quark Mass Measurement at CDF," *Physical Review Letters*, 109 152003 (2012).

The CDF Collaboration. Abe et al., "A Measurement of the production and muonic decay rate of W and Z bosons in collisions at = 1.8 TeV", *Physical Review Letters*, 69 28-32 (1992).

리언 레더먼, 딕 테레시, 박병철 옮김, 『신의 입자』(휴머니스트, 1993년).

8장 그 많던 반물질은 어디로 사라졌나?

O. Seon et al. (Belle Collaboration), "Search for lepton-number-violating $\ell^+\ell'^+$ decays", *Physical Review D*, 84: 071106(R) (2011).

I. Adachi et al. (Belle II Collaboration), "Search for an Invisibly Decaying Z Boson at Belle II in $e^+e^-\rightarrow\mu^+\mu^-$ Plus Missing Energy Final States", *Physical Review Letters*, 124, 141801 (2020).

Particle Data Group, "The Review of Particle Physics", *Progress of Theoretical and Experimental Physics*, vol. 2020, issue 8, (2020).

짐 배것, 박병철 옮김, 『퀀텀 스토리: 양자 역학 100년 역사의 결정적 순간들』(반니, 2014년).

9장 빅뱅 후 기본 입자는 어떻게 만들어졌나?

ALICE collaboration, "Unveiling the strong interaction among hadrons at the LHC", *Nature*, 588, 7837 (2020).

B. Kim, H. Youn, S. Cho, J.-H. Yoon, "Momentum-Kick Model Application to High-Multiplicity pp Collisions at $\sqrt{s}$ = 13 TeV at the LHC", *International Journal of Theoretical Physics*, 60, 1246 (2021).

김현철, 『강력의 탄생: 하늘에서 찾은 입자로 원자핵의 비밀을 풀다』(계단, 2021년).

10장 극한 환경에서 만들어진 핵물질은 어떤 모습일까?

H. H. Shim, J.-W. Lee, B. Hong et al., "Performance of prototype neutron detectors for Large Acceptance Multi-Purpose Spectrometer at RAON", *Nuclear Instrumentation & Methods in Physics Research A*, 927, 280 (2019).

B. Hong et al., "Plan for nuclear symmetry energy experiments using the LAMPS system at the RIB facility RAON in Korea", *European Physical Journal A*, 50, 49 (2014).

최준석, 「준공 늦춰진 IBS중이온가속기 건설 현장 가보니」, 《주간조선》, 2683호, 2021년 11월 15일.

11장 CERN의 입자 검출기에 사용할 기계 장치를 만들다

CMS Collaboration, "Observation of a new boson at a mass of 125 GeV with the CMS experiment at the LHC", *Physics Letters B*, 716(1), (2012).

Fabio Sauli, "The gas electron multiplier (GEM): Operating principles and applications", *Nuclear Instruments and Methods in Physics Research Section A: Accelerators, Spectrometers, Detectors and Associated Equipment*, 805(1), (2016).

박인규, 『사라진 중성미자를 찾아서』(계단출판사, 2022년).

리사 랜들, 이강영, 김연중, 이민재 옮김, 『이것이 힉스다』(사이언스북스, 2013년).

리언 M. 레더먼, 크리스토퍼 T. 힐, 곽영직 옮김, 『힉스 입자 그리고 그 너머』(지브레인, 2014년).

12장 양자 우주 속 새로운 대칭성을 찾는다

CMS Collaboration, "Search for a light charged Higgs boson decaying to a W boson and a CP-odd Higgs boson in final states with e$\mu\mu$ or $\mu\mu\mu$ in proton-proton collisions at)=13 TeV", *Physical Review Letters*, 123(13) (2019).

CMS Collaboration, "Search for heavy Majorana neutrinos in same-sign dilepton channels in proton-proton collisions at =13 TeV", *Journal of High Energy Physics*, 122, (2019).

브라이언 그린, 박병철 옮김, 『우주의 구조』(승산출판사, 2005년).

히로세 다치시게, 임승원 옮김, 『질량의 기원』(전파과학사, 1996년).

「Un-Ki Yang of the University of Rochester was awarded the fifth annual 2002 Universities Research Association thesis prize for the best Ph.D」, 《FERMI NEWS》,

2002년 6월 28일, 5면. https://www.fnal.gov/pub/ferminews/ferminews02-08-09/p3.html.

13장 입자 검출기용 초고속 카메라를 만든다

ALICE Collaboration. "Enhanced production of multi-strange hadrons in high-multiplicity proton-proton collisions". *Nature Physics*, 13, 535-539 (2017).

THE STAR COLLABORATION, "Observation of an antimatter hypernucleus", *Science*, 328 (2010).

14장 차세대 입자 가속기를 개발한다

Chung, Moses, Qin, Hong, Davidson, Ronald C., et al, "Generalized Kapchinskij-Vladimirskij Distribution and Beam Matrix for Phase-Space Manipulations of High-Intensity Beam", *Physical Review Letters*, (2016).

Moses Chung, Erik P. Gilson, Ronald C. Davidson, Philip C. Efthimion, and Richard Majeski, "Use of a Linear Paul Trap to Study Random Noise-Induced Beam Degradation in High-Intensity Accelerators", *Physical Review Letters*, 102, (2009).

이강영, 『LHC: 현대 물리학의 최전선』(사이언스북스, 2011년).

15장 르노 실험으로 중성미자 진동의 마지막 열쇠를 풀다

RENO Collaboration, "Observation of Reactor Electron Antineutrino Disappearance in the RENO Experiment", *Physical Review Letters*, 108, 191802 (2012).

RENO Collaboration, "Observation of Energy and Baseline Dependent Reactor Antineutrino Disappearance in the RENO Experiment", *Physical Review Letters*, 116, 211801 (2016).

RENO Collaboration, "Measurement of Reactor Antineutrino Oscillation Amplitude and Frequency at RENO", *Physical Review Letters*, 121, 201801 (2018).

김지영, 「하이퍼 카미오칸데 한국에 설치되나?」, 《헬로DD》, 2017년 9월 4일. https://www.hellodd.com/news/articleView.html?idxno=62153.

16장 정선 지하 1,000미터에 들어선 물리학 실험실

Y. J. Ko et al., "Sterile Neutrino Search at the NEOS Experiment", *Physical Review*

Letters, 118(12), (2017).

G. Adhikari et al., "An experiment to search for dark-matter interactions using sodium iodide detectors," *Nature*, 564(7734), (2018).

IBS 지하 실험 연구단 홈페이지. https://www.ibs.re.kr/kor/sub02_03_04.do.

17장 중성미자 검출 장치, 필드 케이지를 제작하다

C.A. Argüelles et al., "New Opportunities at the Next-Generation Neutrino Experiments (Part 1: BSM Neutrino Physics and Dark Matter)," *Reports on Progress in Physics*, 83, 124201 (2020).

A. Chatterjee et al., "Search for boosted dark matter at ProtoDUNE," *Physical Review D*, 98, No.7, 075027 (2018).

A.A.Aguilar-Arevalo et al., MiniBooNE Collaboration, "Dark Matter Search in Nucleon, Pion, and Electron Channels from a Proton Beam Dump with MiniBooNE," *Physical Review D*, 98, 112004 (2018).

18장 오른손잡이 중성미자는 어디로 갔을까?

T. Endoh, S. Kaneko, S. K. Kang T. Morozumi, M. Tanimoto, "CP violation in neutrino oscillation and leptogenesis", *Physical Review Letters*, 89, 23160 (2002).

S. K. Kang, Z.Z. Xing, S. Zhou, "Possible deviation from the tri-bimaximal neutrino mixing in a seesaw model", *Physics Review D*, 73, 013001 (2006).

Nickolas Solomey, 임인택, 고영구 옮김, 『알 수 없는 중성미자』(전남대학교출판문화원, 2018년).

19장 무거운 쿼크 유효 이론을 만들다

Junegone Chay, Howard Georgi, Benjamin Grinstein, "Lepton energy distributions in heavy meson decays from QCD", *Physics Letters B*, 247:399 (1990).

Junegone Chay, Chul Kim, "Collinear effective theory at subleading order and its application to heavy - light currents", *Physics Review D*, 65 (2002).

최준곤, 『양자 역학』(고려대학교출판부, 1998년).

최준곤, 『행복한 물리 여행』(이다미디어, 2011년).

장경애, 최준곤, 정경호(그림), 『소리를 질러봐 : 집에서 들려주는 소리이야기』(동아엠앤

비, 2006년).

데이비드 그리피스 외, 최준곤 옮김, 『양자 역학』(텍스트북스, 2019년).

Mary L. Boas, 최준곤 옮김, 『수리물리학』(한티에듀, 2019년).

Daniel Fleisch, 최준곤 옮김, 『슈뢰딩거 방정식』(학산미디어, 2021년).

프랭크 윌첵, 박병철 옮김, 『뷰티플 퀘스천 : 세상에 숨겨진 아름다움의 과학』(흐름출판, 2018년).

20장 강력을 설명하는 격자QCD 물리학

Aarts G, Allton C, Foley J, Hands S, Kim S, "Spectral functions at small energies and the electrical conductivity in hot quenched lattice QCD", *Physical Review Letters*, 99, 022002, (2007).

G. Aarts, S. Kim, M. P. Lombardo, M. B. Oktay, S. M. Ryan, D. K. Sinclair, and J.-I. Skullerud, "Bottomonium above Deconfinement in Lattice Nonrelativistic QCD", *Physical Review Letters*, 106, 061602, (2011).

21장 우주는 몇 차원 공간일까?

D Ida, K Oda, SC Park, "Rotating black holes at future colliders: Greybody factors for brane fields", *Physical Review D*, 67 (6), 064025, (2003).

Y Hamada, H Kawai, K Oda, SC Park, "Higgs Inflation is Still Alive after the Results from BICEP2", *Physical Review Letters*, 112, 241301, (2014).

박성찬 외, 『궁극의 질문들』(사이언스북스, 2021년).

리사 랜들, 이강영 옮김, 『천국의 문을 두드리며』(사이언스북스, 2015년).

브라이언 그린, 박병철 옮김, 『우주의 구조』(승산출판사, 2005년).

무라야마 히토시, 김소연 옮김, 박성찬 감수, 『왜, 우리가 우주에 존재하는가: 최신 소립자론 입문』(아카넷, 2015년).

무라야마 히토시, 김소연 옮김, 박성찬 감수, 『우주가 정말 하나뿐일까? 최신 우주론 입문』(아카넷, 2016년).

리사 랜들, 김연중, 이민재 옮김, 『숨겨진 우주』(사이언스북스, 2008년).

22장 블랙홀은 양자 중력 문제를 풀 수 있는 도구다

Sunjin Choi, Saebyeok Jeong, Seok Kim, "The Yang-Mills duals of small AdS black holes", e-Print: 2103.01401 (2021).

Hee-Cheol Kim, Seok Kim, "M5-branes from gauge theories on the 5-sphere", *Journal of High Energy Physics*, 05 (2013).

Seok Kim, "The Complete superconformal index for N=6 Chern-Simons theory", *Nuclear Physics B*, 821 (2009).

스티븐 호킹, 김동광 옮김, 『그림으로 보는 시간의 역사』(까치, 1998년).

23장 중력파로 암흑 물질 찾는다

Sunghoon Jung, Chang Sub Shin, "Gravitational-Wave Fringes at LIGO: Detecting Compact Dark Matter by Gravitational Lensing", *Physical Review Letters*, 122 (2019) 041103.

Peter W. Graham, Sunghoon Jung, "Localizing Gravitational Wave Sources with Single-Baseline Atom Interferometers", *Physical Review D*, 97, 024052 (2018).

칼 세이건, 홍승수 옮김, 『코스모스』(사이언스북스, 2006년).

24장 정밀 힉스 물리학으로 새로운 길을 연다

James S. Gainer, Joseph Lykken, Konstantin T. Matchev, Stephen Mrenna, and Myeonghun Park, "Spherical Parametrization of the Higgs Boson Candidate", *Physical Review Letters*, 111, 041801 (2013).

Partha Konar, Konstantin T. Matchev, Myeonghun Park, and Gaurab K. Sarangi, "How to Look for Supersymmetry under the LHC Lamppost", *Physical Review Letters*, 105, 221801 (2010).

케네스 W. 포드, 김명남 옮김, 『케네스 포드의 양자물리학 강의』(바다출판사, 2008년).

도판 저작권

찾아보기

최준석의 과학 열전 1

물리 열전 상

물리학은 양파 껍질 까기

1판 1쇄 찍음 2022년 8월 15일
1판 1쇄 펴냄 2022년 8월 30일

지은이 최준석
펴낸이 박상준
펴낸곳 (주)사이언스북스

출판등록 1997. 3. 24.(제16-1444호)
(06027) 서울시 강남구 도산대로1길 62
대표전화 515-2000, 팩시밀리 515-2007
편집부 517-4263, 팩시밀리 514-2329
www.sciencebooks.co.kr

ⓒ 최준석, 2022. Printed in Seoul, Korea.

ISBN 979-11-92107-19-6 04400
ISBN 979-11-92107-18-9 (세트)